劉炳朗

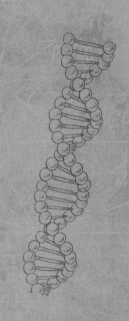

中研院院士、圖書金鼎獎得主

劉炯朗—— 著

劉炯朗開講

3分鐘
理解自然科學

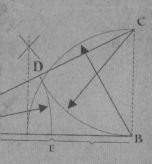

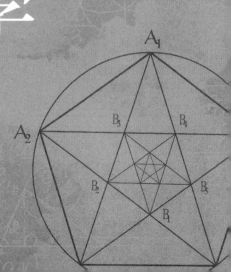

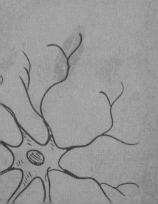

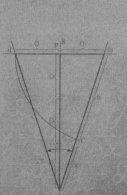

從劉校長身上看見「真善美」

鄭秀玲

　　我與劉校長結緣始於一九九五年春天，他應邀從美國回臺灣擔任清華大學資工系客座教授，而我在學校實驗室做助理，經常在學校看到許多教授與學生圍在他身邊談專業、聊生活，他總是面 笑容親切地與所有人暢談。當時我覺得他是位「明星教授」，但身上卻沒有任何架子。

　　一九九八年二月，他應聘擔任清華大學校長，我擔任校長祕書，因此結下了長達二十三年的緣分，對我而言，能近距離與這位學術大師相處是畢生的榮幸。

　　擔任校長任內，他自然流露出平易近人的態度與紳士風範，深受清大全校師生喜愛與讚揚。我甚至不免會想：劉校長身上是否有什麼特質，總能在任何場合吸引別人與他親近。劉校長曾說擔任清華大學校長的期間，是他一生中最懷念的日子。

　　二〇〇五年起，劉校長在新竹 IC 之音廣播電臺主持「我

愛談天你愛笑」節目，每週一次二十二分鐘的節目，他總是兢兢業業地至少花二、三天時間準備播音內容，每一集都親自手寫講稿，有時甚至開夜車趕稿，寫完後還要一再潤稿；進錄音室後再花二個小時錄音，他擔心自己的廣東國語不夠標準，聽眾會聽不懂，總是一遍又一遍地修改發音。許多國語字詞在 語裡讀音相同，如「王」和「黃」、「六」和「綠」，增加了讀稿的困難度；國語有捲舌音，但 語沒有，他會在手稿中作記號標示，用來提醒自己留心發音。我每週陪著他錄音，看見校長如此盡心、仔細的態度，實在心生敬佩。

五年後，劉校長陸續將節目播音內容與時報出版社合作出書，十餘年來共出版了十四本著作，劉校長是世界知名電腦資訊學者，擁有崇高的學術地位，這一系列書籍涵蓋領域相當廣泛，深入淺出的文筆中，處處皆能看見獨到見解、貫通文理。我有機會參與這一系列書籍的編輯工作，透過書稿文字更深入理解劉校長觸類旁通、廣博浩大的知識內涵。

我何其有幸能遇到劉校長這樣的上司、導師和摯友。他曾告訴我：「不要安穩地待在清華大學校園裡，應該盡量到外面的世界多看看。」他任滿退休時，我先後至科學園區和工研院工作，他的教導開啟了我的視野，也讓我從中學習到很多提升自我的養分。

劉校長是一位待人真誠、虛懷若谷的學者，他關心身邊每個人，與他接觸過的人都真心喜歡他。我在他身上真正看見「真、善、美」人格特質的模樣，和他相處如沐春風的日子，更是深刻體會無限的喜悅、開心和幸福，我永遠感激他、敬愛他、懷念他。

懷念劉炯朗校長

前竹科廣播電臺音樂組長、
前臺灣大學音樂學研究所助教／高品芳

　　校長離開我們近半年了，電臺的同仁們正齊心努力著，要把校長十五年來的廣播節目完整地公開。這段整理的期間，我們重溫了校長辛勤地搜尋、閱讀，並且以淺顯易懂的語言，帶給聽眾朋友的啟發，讓我們對他的思念有增無減。

　　校長是個積極的讀者，最經典的描述是他們「就著消防栓喝水」的時期，指的不限於他當時的狀態，而更珍惜他所處的環境，讓他時時保持旁徵博引的學習精神和實事求是的科學態度。他每每讚嘆萬物相聯、互通有無的世界，這個變小、變平的時代，也要提供孩子們更豐富、厚實的學習資源，希望我們的社會更開放自由、每個人都能積極探索、努力開拓自己所喜愛的領域。

　　每個星期天，校長會帶來一週的努力成果，然後滿心歡喜地說：「你們聽聽看，喜不喜歡今天的內容！」這是一個他融

會貫通、可以深入淺出地和聽眾談天的話題。

　　校長關心教育，見面時都會問：「女兒好嗎？」「最近都讀些什麼？」「孩子們的教科書，文言文又更少了！」特別會和我討論到孩子們的音樂教育，懷念他小時候唱的世界民謠，還擔心當年對女兒音樂學習的要求，會有負面影響。而我總會安慰他：「器樂的學習，對於肢體協調、感官協調、大腦的開發、美感的意識……都應該會有正面的意義。」他會很訝異地問：「指揮家都清楚每個樂器該演奏的旋律嗎？」「你們聽音樂就分得出演奏家的不同嗎？」「早上才有學校的消息，你看了嗎？」「新校長的問題，不妨這樣解決……」儘管我們所處不同的社會地位，他都願意與我們討論。

　　而我對校長總有一個偏見，認為校長所講的機率有過多分量與博奕相關。但是我知道如果一個問題，以校長全面廣泛地搜索學習後，透過科學地分析、社會的正義、因果的影響或個人認知的判斷下，仍然無法做出明確的選擇時，勝率的計算、穩贏的策略、少輸為贏，甚至「賭贏」，便成為面對「全然未知」的未來時，可以認真考慮的一門學問，或者我們拿它來當失敗的底限吧！

　　整理校長的資料，讓我們不得不承認校長的真知灼見，在今天面對臺灣物聯網發展、水資源問題、交通安全問題時，我

們早在校長數年前的節目中，便已經對「人工智能」、「編碼、壓縮、鎖碼與解碼」、「水的未來」、「異常偵測」有過深入的探討。而校長廣博的學習讓我們聯想到達文西對器械的發明、愛因斯坦對冰箱的研究，也如蒙田、帕斯卡、萊布尼茲等大師們，可以同時為科學家、哲學家、詩人，在文學上有相當的成就。

多年的節目中，我特別喜愛校長介紹的月亮，有蘇東坡的〈水調歌頭〉、而辛棄疾的〈滿江紅：敲碎離愁〉、徐柳仙的〈再折長亭柳〉等，裡面有校長精選的粵劇和他以廣東話讀的詩詞。儘管校長偶爾會放棄咬不出的字、揶揄自己常犯的錯，但他會堅持把夫人的〈詩〉讀得完美。而校長總會說：剩下的就留給有興趣的聽眾們去搜尋吧！

面對校長，我會以「養天地正氣、法古今完人」來懷念您慈祥的笑容。

目錄
CONTENTS

PART 1

微生物的世界

1.1 科學中的偶然

有時，一點意外、一個偶然的啟發，會引導我們更小心地去看、更深入地去想，最後得到重要的發現和結果。

微生物

用通俗的語言來說「微生物」就是微小、肉眼看不見的生物，包括細菌（bacteria）、黴菌（fungus）、病毒（virus）等，但從生物科學專業的觀點來說，微生物的分類、生活方式、數目和對人類生活的影響，都是非常複雜的問題。三、四十億年前，世界上已經有單細胞的微生物了。地球上的微生物，大約是 10^{30} 那麼多。許多微生物對地球生態環境的平衡，食品和飲料的製造（例如發酵、釀酒），以及生物技術上的應用（例如汙水的處理），都有正面的功能。我們的身體裡也有許多微生物，大部分都能與人類和平共存，特別對消化系統來說，有幫助消化的功能。但是，許多外來的微生物就是讓我們生病的源頭。

按照歷史記載，遠在西元前數百年起隨著科學文明的進步，科學家從疾病的傳染、食物的腐爛、葡萄變成紅酒、牛奶變成乳酪等現象，推想到微生物的存在，不過直到一六七六年，荷蘭科學家列文虎克（Antonie van Leeuwenhoek）在顯微鏡底下觀察到微生物的存在，才正式開啟了一系列相關的發現和研究。

疾病

古老的歷史裡，人類以為疾病是在體內自然發生的。差不多一百五十年前，科學家才建立起疾病和外來微生物的關聯。其中，肺病、破傷風、傷寒、白喉，都是源自細菌入侵；傷風、感冒、天花、愛滋病都是源自病毒入侵；有些呼吸系統和皮膚的疾病則源自黴菌侵擾。

細菌和病毒有若干不同的地方：首先，一般細菌是一個單細胞，有生活和繁殖能力的生物，它被具有保護功能的細胞壁包起來，不過也有一些細菌經由滲透作用，從體外獲取生活的能量；反過來，病毒沒有單獨生活和繁殖的能力，必須依附在一個「宿主」細胞上才能生長、繁殖，所以在微生物學的分類中有個觀點，不把病毒列在微生物之內，因此當病毒附在人體細胞上時，直接用藥物殺死病毒是相當困難的，因為也會殺死

病毒所依附的細胞。

　　另外，病毒比細菌小了十到一百倍。普通醫學上用的過濾器濾孔很小，可以過濾、隔離細菌，但病毒實在太小，還是可以通過濾孔，所以病毒又被稱為「濾過性病毒」（filterable virus）。一個大家最熟悉的例子，就是用來防止新冠病毒 COVID-19 入侵呼吸道所使用的口罩，不能使用普通的紡織布料，必須使用特殊的布材。

1.2 為疫苗接種奠定科學基礎

　　當身體因外來入侵的微生物而生病時，我們有兩個應對辦法：一是用藥物直接把這些微生物消滅，或者抑制它們生長。問題是：什麼藥才有效呢？另一個是用藥物激發人體的免疫功能來抵抗、消滅它們。問題是：如何激發、加強身體的免疫功能呢？

先天免疫功能

　　首先，我來解釋一下身體的免疫功能。免疫是指抵抗入侵的外來微生物；免疫功能分為先天和後天，先天免疫功能可說是第一線防禦，是與生俱來的能力、一般性的反應，而非針對某種特定微生物。例如皮膚、鼻孔裡的毛，呼吸道和食道中的黏液膜，就像城牆一樣，會把想要入侵的微生物擋住，藉由流眼淚、咳嗽和打噴嚏，將想要入侵的微生物驅走；發炎（inflammation）則是透過身體裡的白血球和其他化學物，破壞、消除外來微生物，這些都是身體的先天免疫功能。先天免

疫功能沒有記憶力，換句話說，每次外來微生物入侵時，身體都會有重複的反應。

後天免疫功能

後天免疫功能僅脊椎動物才有，是在出生後才建立的功能（包括從母體傳到胎兒的免疫功能）。後天免疫功能對特定微生物有辨別和防禦的能力，也有記憶的能力。換句話說，當身體再面對曾遇過的細菌和病毒時，就知道該如何抵抗它們，這正是使用防病疫苗的基本觀念。遠在二千多年前，希臘人就注意到得過某些病的人，康復後就不會再患這些病，當然那時他們不知道原因。其實，這就是病人身體裡的後天免疫功能，已經因為患過這些病而建立起來了。今天，疫苗的接種就是將微量的細菌或病毒，經由口服疫苗或注射，先在身體裡引起輕微反應，因而建立身體的免疫功能。

1.3 天花疫苗的發現

　　依照醫學歷史的記載，五、六百年前的印度和中國，就用這種觀念來防治天花（smallpox）了。不過，真正將這個觀念落實、廣泛應用，使天花在地球很多地區已經完全絕跡，則是源自十八世紀一位英國醫生詹納（Edward Jenner）的偶然發現。天花在十八世紀的英國是非常可怕的流行病，詹納三十九歲時，有位在牧場擠牛奶的女工對他說自己曾染過牛痘（cowpox），所以她不會受到天花的傳染。詹納推想，牛痘病患水泡裡的液體有防禦天花的可能，他把擠牛奶女工手上水泡裡的液體，注射到一個八歲的小孩身上，兩個月後又把天花患者水泡裡的液體注射在這個小孩身上，正如詹納預期，小孩沒有染上天花。這個八歲小孩是詹納家園丁的兒子，為什麼他的父母願意讓兒子冒這個險？也許，那時天花是種極具危險的傳染病，冒這個險是值得的。

　　這次的實驗成功後，詹納等了兩年才有機會再做另一個實驗，證明他的觀察是正確的，並且正式公布此結果。那段期

間，牧場裡沒有牛痘病的發生，而且詹納還得同時面對其他醫師的疑惑，有一位很有名的醫師嚴厲批判、反對他的結果；又有一位醫師說他也知道怎樣接種疫苗，但當他把疫苗接種到人體時，引起嚴重的不良反應，後來詹納證明因為這位醫師缺乏完整的了解和經驗，他接種的疫苗是受汙染的。最後，詹納還是得到全面的認同和接受。

當然，現在我們已經知道牛痘病是源自一種病毒，它會讓牛的皮膚長出水泡，這讓病毒在擠牛奶的過程中傳到擠牛奶工人身上，使他們感染牛痘，而牛痘病的病毒也建立了人體對天花的免疫功能。

詹納用牛痘的病毒做為防治天花疫苗的發現，為疫苗這個領域打開一扇大門，奠定了基礎。疫苗接種這個詞的英文是「vaccination」，在拉丁文中就是「牛的小水泡」的意思，現在這個字已經被用來指廣泛的疫苗接種了。

結束這個故事前，讓我再分享幾個要點：

第一，把外來東西引進身體以防治疾病的觀念，遠在五、六百年前，中國和印度都已經嘗試過將天花水泡結成的痂皮磨成粉，撒在傷口上來治療天花。不過，能夠把牛痘和治療天花連結起來，倒是源自擠牛奶女工提供給詹納的資訊。

第二，從詹納開始，醫學和科學上的研究發明了許多對人

體和其他動物疾病的防治疫苗，使得許多過去非常危險的傳染病，如今已幾乎完全絕跡。今天，在醫藥發達地區，一個初生的嬰兒得接種十幾種防治疫苗。儘管如此，仍有很多疾病，包括傷風、愛滋病，尚未找到有效的防治疫苗。

第三，有關接種疫苗仍有不少爭議之處，特別是安全性方面的考量。疫苗的接種會不會引起原來沒有或潛伏的疾病？例如，疫苗的接種和自閉症有沒有關聯，仍是爭議不斷的問題。費用也是考量，假如某種疾病已差不多完全絕跡，我們值不值得花大量經費再來推行疫苗的接種？這些背後都有特殊團體，例如藥商的經濟利益牽涉其中，以及個人選擇的自由，是不是應該受政府的疫苗接種政策的規範呢？

1.4 抗生素

眼淚來得正是時候

前面提過，當身體受到微生物入侵時，防禦方法之一是用藥物激發人體的免疫功能，這可說是詹納防治天花的發現，為疫苗接種這個領域奠定了最重要的科學基礎。另一個防禦方法是用藥物直接消滅或抑制微生物生長，這些藥物就叫做抗生素（antibiotic）。加拿大醫師弗萊明（Alexander Fleming）發現青黴素（藥名是盤尼西林 penicillin），為抗生素的發展奠定了最重要的科學基礎。

有一次，弗萊明在實驗室用他傷風時的鼻涕培養細菌。一不小心，他的眼淚滴在培養細菌的培養皿裡。第二天，他發現培養皿中被眼淚滴到的細菌都被消滅掉了，因此發現眼淚和唾液是具有殺菌功能、但不會傷害人體的酵素（lysozyme）。可惜，這種酵素的殺菌能力不強，不過這個偶然成為他發現青黴素的前驅。

幾年後，當弗萊明在實驗室培養一種會使人體發炎的葡萄

球菌時，因為忘記蓋住培養細菌的培養皿，讓一小片黴菌（也許是來自發霉的水果或麵包）掉到培養皿裡，當他看到黴附近的細菌完全被消滅掉時，曾在眼淚中找出具有殺菌功能的酵素的經驗，讓他聯想到黴可能有消滅細菌的功能。果然，他發現的這片黴是一種青黴素，具有消滅葡萄球菌的功能，因而打開了醫學上「黴可以消滅細菌」這個研究方向的大門。

　　這個故事裡有幾個偶然。首先，實驗室的窗子沒有關好，他又忘了把培養皿的蓋子蓋上，讓一小片黴掉進培養皿。其次，不同的黴何止千萬，不同的細菌何止千萬，剛好這片黴有消滅這種細菌的功能，因而讓弗萊明發現了「黴可以消滅細菌」這個重要的關鍵。其實，遠在古埃及與羅馬時代也有用發霉麵包來消炎的紀錄，不過來龍去脈確是經弗萊明的發現所找出來。最後，如果沒有幾年前眼淚滴在培養皿的經驗，也許弗萊明就不會聯想到黴可以消滅細菌的可能了。

　　之後，弗萊明確定了這片黴是種青黴素，證明從青黴菌提取出來的青黴素對人體沒有毒性，因此可以用在人體上來消滅細菌。只可惜，他沒有成功地找出從發霉物中提煉大量高純度青黴素的方法，因此沒有辦法做更多實驗。直到十幾年後，兩位牛津大學的科學家柴恩（Ernst Boris Chain）和弗洛里（Howard Walter Florey）確定了青黴素的化學結構，也找出

經由發酵製作提煉大量高純度青黴素的方法。一九四五年，弗萊明、柴恩和弗洛里三個人獲得了諾貝爾醫學獎。第二次世界大戰時期，青黴素治好許多戰爭中的傷患。接著，藥學上的研發引進了很多相關的抗生素。抗生素不但有治療人類疾病的功能，在農業、畜牧、食品、工業上也有許多的應用。

染料

弗萊明發現青黴素的時間約在一九二〇、三〇年代，包括他在內的很多人都是從天然物質裡提煉出殺菌的抗生素。差不多同一個時間，德國科學家多馬克（Gerhard Domagk）正在設法用人工合成的化學物來滅菌。一九三二年，多馬克在一家很大的染料公司從事研究工作，想要找出染料有沒有殺滅細菌的功能。為什麼會想到染料呢？他們發現某些染料染在毛料上會和毛料緊密地結合，因為毛料是由蛋白質所構成，既然這些染料和蛋白質分子能夠緊密結合，細菌也是蛋白質的分子，那麼這些染料是不是可以把細菌包起來殺滅，或者抑制它們的生長呢？

首先，多馬克在白老鼠身上做實驗，發現這個想法是正確的。據說後來他的女兒受到感染而發炎病重，他也用這種染料把女兒治好，所以公司就申請了用這種染料做為殺菌劑的專

利。一九三五年，在多馬克發表了為什麼這種染料有殺菌功能的研究結果，並且和他的公司成功申請專利後，法國的一對夫妻檔科學家發現，有好幾種同類的染料都有殺菌功能，而且這幾種染料的分子，有一半不同，另一半卻是完全一樣。因此，他們推想這些染料相同的半個分子是有殺菌功能的，另外不相同的半個分子則沒有。最後，他們證明了這個推想是對的，這就是磺胺類藥物的起源。這個結果解釋了他們觀察到的一個現象，這些染料在人體或動物身體裡有殺菌功能，但在人體或動物體外卻沒有，原因在於這些染料到了人體中會被分成兩半，磺胺類分子那半就發揮了殺菌的功能，後來多馬克在一九三九年獲得了諾貝爾醫學獎。

1.5 里歇的大發現

　　科學發現不僅來自深入的思考，同時也要留心擺在眼前的明顯事實。

　　用「接種牛痘來防治天花」的基本觀念是：用小量的細菌和病毒引起身體的輕微反應，進而建立起身體的免疫功能，當細菌和病毒再次入侵時，身體就不會有嚴重的反應了。然而，人體是複雜而奇妙的，有些東西包括食物、藥品、花粉、蜜蜂和昆蟲的叮咬，當它們第一次和身體接觸時，沒有引起什麼不良反應，不過有些人的免疫系統卻會對這些東西過度敏感，當這些物質第二次入侵時，身體就會有過度的反應，呼吸、消化、循環系統都可能有強烈的反應，甚至導致死亡，這就是過敏反應（allergic reaction）。

　　過敏反應是法國醫師里歇（Charles Richet）在偶然下發現的，並因此在一九一三年獲得諾貝爾醫學獎。在頒獎典禮上，他說：「這個發現不是來自深入的思考，只不過是一個簡單、近乎意外的觀察。我唯一的貢獻就是，沒有忽視擺在眼前的明

顯事實。」

有一天，他和摩納哥的皇子搭遊艇出遊，皇子建議他去研究僧帽水母放出來的毒素。因為他找不到那種海生動物，所以就以海葵代替，把海葵放出來的毒素注射到狗身上。這種毒素作用很慢，幾天後才會發揮作用，而且因為毒素不夠強，有些狗幾個星期後就復原。於是，里歇再用這些狗來做試驗，結果意想不到的事情發生了：這一次，當他只把一點毒素注射在這些狗身上時，狗的反應非常強烈 —— 嘔吐、失去知覺、窒息，甚至死亡。為什麼這些狗在第一次注射大量毒素時沒有死，卻在第二次注射少量毒素後死亡呢？

對此，里歇觀察出三個要點：首先，第二度接受毒素注射的狗的反應遠比第一次強烈。其次，再度接受毒素注射的狗的反應和第一次不同，這些狗的整個神經系統迅速受到嚴重破壞。最後，兩次注射間，要相隔三週的潛伏期。

里歇的觀察打開了醫學對過敏反應的研究大門。大多數的人被蜜蜂叮、吃了花生、呼吸到花粉、使用盤尼西林都沒事，花生、花粉等明明是沒有毒的東西，卻讓少數人在第二次接觸時產生非常強烈的反應，因為這些東西激發了他們身體免疫系統過度的反應（不過我得指出，有些藥像盤尼西林，第一次使用時就會有強烈反應，得小心注意）。

相信很多人都受過或還在忍受花粉過敏的痛苦，這就是身體免疫系統過度反應的結果。醫學上對花粉敏感有兩個應付的辦法，一個比較治本的是，醫生把背上皮膚分成幾十個小區域，注射幾十種不同花粉在皮膚底下，找出身體對哪種花粉敏感，然後逐漸地把這些花粉注射到身體裡，讓身體建立起抵抗這些花粉敏感的能力。另一個比較治標的方法，就是服用統稱「抗組織胺」（antihistamine）的藥，身體對外來物過敏的反應，會過量地釋出一種「組織胺」，導致呼吸不順暢、打噴嚏、嘔吐等症狀，「抗組織胺」就是用來壓抑身體裡「組織胺」的釋放。直到今天，醫學上對身體過敏反應的很多了解，都是源自里歇的發現。

1.6 瘧疾

　　瘧疾是一種可怕的傳染病，症狀是每隔一到三天，週期性地發熱、發冷，就像在烤箱和冰窖裡循環一樣，其他症狀還有嘔吐、頭疼、發抖等。許多已開發國家，包括臺灣在內，瘧疾已經絕跡，不過在非洲、南美、東南亞的部分地區，瘧疾還是非常嚴重的傳染病。即使在醫藥非常發達的今天，每年還是有幾百萬人死於瘧疾。雖然目前已有治療瘧疾的藥，但尚未找到防止瘧疾的疫苗。瘧疾源自一種寄生病原蟲，經由蚊子叮咬，進入人的血液裡，在肝裡潛伏繁增，再回到血液中。因此，蚊子叮咬了瘧疾病人，又會把疾病傳播開來。

樹皮磨出救命藥

　　最早被發現有效治療瘧疾的天然藥物，是從一種生長在南美洲的金雞納樹（cinchona）樹皮提煉出來的金雞納霜，又叫奎寧（quinine）。傳說在南美洲的一個印第安人染了瘧疾，發著高燒，口渴得不得了，他在樹林裡發現一個小池塘，趕快低

頭去喝池塘裡的水。他覺得這些水很苦，也知道苦味是來自旁邊金雞納樹掉在池塘裡的樹皮，原本大家一直以為金雞納樹皮有毒，他相信自己會中毒而死，結果不但沒死，瘧疾也被治好。這個消息在當地逐漸傳開，十七世紀初透過傳教士把金雞納霜帶回歐洲，不但將英王查理二世（King Charles II）和法王路易十四的兒子都治好了，連清朝的康熙皇帝也因服用了法國傳教士帶到中國的金雞納霜，把瘧疾治好。

起初，大家只知道把金雞納樹的樹皮磨成粉來服用，到了一八二〇年，化學家才成功地把樹皮中的金雞納霜提煉出來。到了一九〇八年，才真正確定了金雞納霜的化學結構。一九四四年，終於成功地在實驗室裡製成人工金雞納霜。

在世界史中，金雞納霜扮演著重要角色。第一次世界大戰時，德國人沒有金雞納樹，所以非常努力地製造人工替代品。第二次世界大戰，美國、日本在東南亞的戰爭，因為日本控制了金雞納樹，美軍只好每天服用人工合成的代用品。當時，日本電臺的廣播員「東京玫瑰」，在廣播心戰裡叫美國大兵不要吃那些藥，吃多了皮膚會變黃，也會失掉男性的能力，據說的確有許多美國大兵真的不吃。當時的統計數據顯示，當美軍在新幾內亞（New Guinea）登陸時，有九五％的人患了瘧疾。

喝雞尾酒的人都知道有種大家很喜歡的「琴通寧」（gin

and tonic），就是琴酒（gin）加上奎寧水（tonic water），奎寧水有苦味，因為它含有金雞納霜。一個不可靠的傳說是，英國在印度的官員天天都喝琴通寧，所以有抵抗瘧疾的能力，身強體壯，因此能夠長期在那裡管轄、統治當地百姓。

PART **2**

人體的運作

2.1 意志和反應

眼睛會說話

　　語言是人類表達思想和感情最重要的媒介，口就是表達思想和感情最重要的工具。用口，我們可以傳遞資料和訊息，可以傳遞感情，如快樂、悲傷、憤怒、焦急或失望；也可以展示我們的健康狀況，是聲如洪鐘，還是氣若游絲；還可以經由狂笑、冷笑、淺笑，或者嚎啕大哭、啜泣，道出我們的心情。興高采烈時，口沫橫飛；吐一口痰，往往是輕視不屑的意思。

　　除了口之外，我們還有許多肢體語言，雙手一攤是「完結了、沒辦法了、沒輒」的意思，聳肩表示莫可奈何、滿不在乎，蹺起二郎腿是舒適輕鬆的姿勢，腳抖不停大概是心情有點緊張，嗤之以鼻就是「我才不甩你呢！」的意思。

　　眼睛、耳朵有看和聽的功能，是最重要的資訊接受工具，但眼睛同時也是傳遞訊息的工具。心理學家花了很多工夫研究、探討「眼睛接觸」（eye contact）所傳遞的訊息和感情。例如，女性和別人眼睛的接觸通常比男性多；下屬對上司的眼

睛接觸比較少，甚至是零；在餐廳裡，服務員和客人的眼睛接觸相當少，一方面是表達卑微的待客態度，一方面是在表達：「趕快點菜吧！不要多囉嗦。」依照現代社會的禮貌規範，不熟識的異性間，眼睛的接觸不應過多；和別人講話時，通常會在快講完時，才與對方有直接的眼睛接觸，等於告訴他：「我講完了，換你了。」當你講話、不希望有旁人插嘴時，你會瞄他一眼，讓他知道你還沒講完；在人群中，兩人間眼睛的接觸，代表一個開始；有眉目傳情，有關愛的眼神，有冷眼旁觀，有目露凶光等不同的表達。

英國桂冠詩人瓊生（Ben Jonson）有首知名小詩，開頭兩句是「Drink to me only with thine eyes, and I will pledge with mine.」（用你的眼波邀我共醉，我將凝眸相隨。）

一首英文歌〈Strangers in the night〉（深夜裡的陌生人）的前幾句是：

Strangers in the night exchanging glances,

Wondering in the night,

What were the chances,

We'd be sharing love,

Before the night was through.

深夜裡的陌生人，眼神交會一瞬間，

真情待共享？夜正闌珊。

宋代王觀的〈卜算子・送鮑浩然之東〉，有「水是眼波橫，山是眉峰聚。欲問行人去那邊？眉眼盈盈處。」之句。

心理學家發現，用眼睛固定盯住一個人，往往傳遞的是不友善、恐嚇的訊息；猩猩、猴子也是如此。被盯住的對象會產生一種恐懼、被壓迫，甚至屈服的反應。心理學家曾做過實驗：當你開著汽車，停在紅燈前面時，有一個人停在你旁邊，目不轉睛地盯住你，你的反應是如何？很多人都會在紅燈轉綠燈的一剎那，趕快加速闖過去。心理學家也發現，在紅燈前面被旁邊騎機車的人盯住的人，紅燈一轉，趕快衝過十字路口的時間，比不被盯住的時間短一・二秒。心理學家的解釋是，當別人盯著你看，傳遞的是不友善、讓你不舒服的訊息，你的反應就是趕快衝過十字路口擺脫他。

或許你會問：「被盯住看的人的反應，不一定是恐懼不安，他會不會以為盯住他的人是在向他挑戰，看在紅燈轉綠燈時，誰先衝過十字路口？」所以，心理學家又設計了另一個實驗，他們找了一個人站在人行道，同樣盯著你看，結果呢？也是一樣，紅燈轉綠燈時，被盯的人會闖得較快，一路衝過十字路口。

當心理學家研究「人類如何獲得從別人眼睛傳遞過來的訊

息時」，他們發現從嬰兒時期開始，大腦就有判斷別人眼睛所看的方向的能力。二〇〇二年的一項研究，心理學家發現，嬰兒比較喜歡別人用眼睛直接看著他們。同樣一個人的兩張照片，其中一張人的眼睛是直接向前看，另一張人的眼睛往斜看，嬰兒對第一張照片會多看、也看得比較久，因為嬰兒覺得照片中的人正在看著他。他們還錄下四、五個月大的嬰兒看這些照片時的腦波，結果發現：當嬰兒看著第一張，也就是照片裡的人直視嬰兒的那張照片，嬰兒的腦波和成人正在看別人臉的腦波吻合度最高。換句話說，心理學家發現，嬰兒已經有判斷別人目光方向的能力，而且他們比較喜歡別人正視的目光。

了解從靈魂之窗開始

　　大腦如何決定別人目光的方向？顯而易見，最重要是靠眼珠的位置。眼睛裡有顆眼珠和旁邊的眼白，當眼睛兩邊的眼白大小一樣時，我們就知道眼珠在眼睛中間，向前直看；當然，頭部的位置和方向也有關係。大腦有能力從眼珠和頭部位置，做出判斷。

　　講到眼珠和眼白，其中就有很大的學問。首先，眼睛裡有一層保護眼球的纖維膜，叫做「鞏膜」。鞏膜是乳白色的，所以鞏膜露在外面的部分就是眼白。嬰兒的鞏膜帶一點藍色，老

人的鞏膜漸漸變黃，得了黃疸症的病人，鞏膜變黃就是最明顯的病徵。有兩位日本科學家，比較人類和不同猩猩、猴子的眼睛，發現只有人類的鞏膜是白色的，而且人類露在外面的鞏膜面積最大。當眼珠顏色和鞏膜顏色比較接近時，別人較難判斷眼珠的位置，因此不容易判斷目光的方向。對那些要靠捕食別的動物維生的動物而言，這是個有助牠們捕食的掩蔽。對人類來說，眼珠和鞏膜黑白分明，可以幫助別人知道我們視線的方向，因而有傳遞消息的功能。

眼睛的接觸不局限於眼睛視線的方向，以及視線的固定和轉移。觀察到眼睛的接觸，帶動的則是大腦的接觸。達文西（Leonardo da Vinci）說過：「眼睛是靈魂之窗。」這句話不只是有詩意、有哲理的話。從醫學和心理上的觀點來看，我們知道經由視覺的接觸，大腦會觀察到對方的情緒和動機，是快樂、還是悲傷？是誠實、還是欺騙？這個互動機制非常複雜，但這個機制的存在和運作非常明顯。

專家指出，許多患有孤獨自閉症的小孩，缺乏方向感，以及與別人做視覺接觸和互動的能力，這背後相關聯的就是缺乏和別人溝通互動，了解別人的思想、情緒和動機的能力。我不是醫學專家，這幾句話只是籠統的一點常識，不過毫無疑問，眼睛和大腦間的互動，是醫學上、心理學上一個廣大深遠的研

究領域。即使是簡單的前提，例如眼睛盯著別人，傳遞的是什麼訊息和情緒，都得花上許多的努力才能了解。

不由自主的動作

打噴嚏是個半自動的生理反應，當鼻子裡黏膜的末梢神經受到刺激時，這些刺激可能源自外來的雜物，像花粉、塵埃等，身體的反應就是把肺裡大量的空氣往外推，好把外來的雜物驅逐到體外。

當傷風引起鼻子黏膜腫脹、強烈的味道、突然的溫度下降，甚至突然的亮光，都可能誤導鼻子的末梢神經，以為有外來的雜物，必須透過打噴嚏的動作來排除。

打噴嚏時，空氣速度可以高達每小時一百五十公里，噴在空氣中的唾液有二千～四萬顆，當中的細菌就可能傳染疾病，正是傷風、感冒、SARS 等疾病傳染的方式。多數人打噴嚏時，眼睛會閉起來，一個說法是避免淚腺導管和微血管受傷。

古希臘時代，打噴嚏被視為好預兆。因為噴嚏不是自己主動引發的，當時的人相信這是上帝帶來的好兆頭；中國和印度人相信，打噴嚏代表別人在想你。在西方國家，當別人打噴嚏時，旁邊的人會說：「God bless you!」（上帝保佑你）。這些不同解釋，說出了古代人怎麼看待打噴嚏這個動作。一個說法

是，打噴嚏會把人的靈魂從體內逼出來，說「上帝保佑你」就是不讓魔鬼把靈魂帶走。另外一個說法正好相反，打噴嚏是要把身體裡邪惡的魔鬼趕出去，所以說「上帝保佑你」就是不讓魔鬼逃回你的身體。還有一個說法是打噴嚏時，心會停止跳動（其實不會），說「上帝保佑你」是希望你的心跳恢復正常。

現代的社會，當別人打噴嚏時，「God bless you!」就變成一句滿適當的口頭禪。在德國，別人打噴嚏時，旁邊的人會說：「Gesundheit!」就是「Good health to you.」（身體健康）的意思。

打噴嚏的聲音是 achu，英文裡打噴嚏是 sneeze，不過，在其他不同語言，打噴嚏這個詞的發音和 achu 很接近。例如阿拉伯文是 atsa，西班牙文是 atchis，土耳其文是 aksirik，臺語是 par kat chu，廣東話是「打乞嚏」，都很接近 achu 的聲音。在文字學裡，如果一個動作產生一個聲音，描述這個動作的詞的發音正是這個聲音的話，就叫做擬聲詞。中文打噴嚏、英文 sneeze 都和打噴嚏的聲音 achu 不接近，都不是擬聲詞，但在阿拉伯文的 atsa、西班牙文的 atchis、土耳其文的 aksirik，都是擬聲詞。

打嗝的英文是 hiccup，是個擬聲字，因為打嗝的聲音就像 hiccup 裡 hic 的聲音。打嗝是人體的橫隔肌不自主地痙攣，

空氣突然進到肺裡，引起喉嚨肌肉的開合，而產生 hic 這個聲音。吃東西、喝東西太快，冷和熱的東西一起吃，大笑、喝酒過度都會引起打嗝；打嗝不像打噴嚏，幾乎沒有生理上的好處。科學家對人類為什麼會打嗝，還沒有完整的解釋。近年來的一個說法是，對有肺又有腮的動物來說，打嗝是防止水進入肺的一種機制。所以，打嗝可能是動物從水生進化到陸生的殘餘現象。平常我們打嗝，幾分鐘後就會停止，不過按照金氏世界紀錄，有個美國人歐斯朋（Charles Osborne）從一九二二年至一九九〇年，連續打嗝六十八年，快則每分鐘四十次，慢則每分鐘二十次。他過著正常的生活，有兩個太太、八個小孩，在一九九〇年打嗝停止後的第二年就去世了。

早上起來，會打一個呵欠；工作了一整天，又會打幾個呵欠，打呵欠是我們不能自主控制的肢體動作，這個動作倒是很容易描述：張開嘴深深呼入，短短吐出，然後閉上嘴。很多脊椎動物包括魚、烏龜、鱷魚、鳥都會打呵欠。大人會打呵欠，三個月的胎兒在媽媽肚子裡也開始打呵欠。從生理、醫學的觀點來看，打呵欠的原因是什麼？目前為止，科學界還沒有定論。多年來的一個理論是，當體內二氧化碳過多而氧氣不足時，會打呵欠，好把更多氧氣帶到肺裡，但這項理論目前還沒有確切地證實。另外一個理論是，打呵欠是由於體內某些化學

成分的作用。還有一個說法是，打呵欠是幫助調整肺裡某些可以協助呼吸的機制。

打呵欠傳遞了什麼樣的訊息呢？最普通的解釋是一個人累了，工作過度，壓力太大。甚至有個理論說，聚合在一起生活的野獸，會用打呵欠來傳遞疲倦的訊息，透過這個訊息把睡眠和活動的時間同步。打呵欠傳遞的另一個訊息是枯燥無趣，在課堂、看電影，感到厭煩無奈時，都可能會打呵欠。打呵欠還傳遞另一個訊息，是不喜歡交際往來，當你去參加餐會、酒會，不願意與那些人交際應酬時，就會不自覺地打起呵欠；甚至當你是主人，面對無趣的客人，也會不知不覺地用打呵欠來下逐客令。

從社會學的觀點來看，打呵欠是有傳染性的。在一個房間裡，當一個人開始打呵欠時，別人會自動跟進。有位學者做了兩個有趣的實驗，實驗一是讓兩群學生，一群在看打呵欠的電影短片，一群在看笑的電影短片，結果看打呵欠短片的那群，呵欠打得比較多。實驗二是讓兩群學生，一群讀一篇關於打呵欠的文章，一群讀一篇關於打嗝的文章，結果讀打呵欠文章的那群，呵欠打得比較多。順便一提，打嗝則是沒有傳染性的。

打鼾的生理原因是，當正常的呼吸通道受到阻礙時，我們會張開口來呼吸，引起口腔後面一塊垂下的肉球振動，而產生

或大或小、或斷或續的聲音。老年人幾乎都會打鼾，因為這塊肉球附近的肌肉鬆弛，比較容易振動。睡覺前吃了安眠藥、喝了酒或過度疲倦的人，都特別會打鼾，因為他們會睡得比較熟，熟睡時肌肉較平時放鬆。胖子比較會打鼾，因為脂肪堆積使呼吸管道變小。抽菸的人容易打鼾，因為抽菸造成咽喉黏膜腫脹，分泌物增加，間接造成呼吸管道狹小。男人比女人會打鼾，主要原因是生活習慣不同，也的確成為許多人離婚的主因。市面上有不少防止打鼾的工具，效果如何就很難說了。

我們談打噴嚏、打嗝、打呵欠、打鼾，或多或少也提到醫學、心理學、社會科學，甚至化學、文學。這些粗俗的題目，似乎很難融合在文字、詩詞裡。讓我試著舉幾個例子：英文裡的「to sneeze at」是輕視、看不起的意思。我們會說：「This is not something to sneeze at.」（這不是可以輕視的事情）。在英文裡的「hiccup」也代表小小的困難和挫折，我們會說：「There is a hiccup in the production process.」（在製造過程中碰到一點小問題）。英文的「It makes me yawn.」（讓我打呵欠），就是枯燥無趣的意思。

蘇東坡有一首詞〈臨江仙〉：

夜飲東坡醒復醉，歸來彷彿三更。

家童鼻息已雷鳴，敲門都不應，倚杖聽江聲。

長恨此生非我有，何時忘卻營營。

夜闌風靜縠紋平，小舟從此逝，江海寄餘生。

其中描寫他喝醉了回家，家中僕人已經鼾聲大作，敲門不應，只得拄了拐杖聽江水聲的情景。

2.2 對壓力的反應

體內平衡

人和許多動物的身體中都有一些正常或理想的生理參數，例如身體的溫度、體內的水分、血中的糖分等，生理學中「體內平衡」（homeostasis）這個觀念就是將這些參數維持在正常範圍內的一種機制，讓我先指出幾個相關的基本觀念。

首先，有些參數的正常範圍比較小，例如我們的正常體溫是攝氏三十七度，上下不超過一度；有些參數的正常範圍比較大，例如血糖的正常範圍是每一百毫升的血裡含有七十～一百毫克的糖分，但剛吃過飯後，血糖增加到一百四十毫克以內都還算正常值。

其次，有些動物的某些參數是透過內在的調整機制，維持在正常範圍內；有些動物的某些參數則會隨著適應外在環境而改變。最明顯的例子是，包括人類在內的哺乳動物，體溫便是經由內在的調節維持在固定範圍內，然而許多爬蟲類和魚類，體溫則是隨著外面的溫度而適應、改變。要維持固定體溫必須

消耗較多能量，反過來說，蛇之所以能夠一星期進食一次的原因之一，就是牠們在體溫的調節上有較大的空間，這正是「恆溫動物」和「變溫動物」的分別。

另一個人體內在調整機制的例子是血糖的調節。如上所述，血糖的正常範圍是每一百毫升的血裡有七十～一百毫克的糖，血糖過低會引起暈眩、疲乏、軟弱無力等症狀，血糖過高就是糖尿病，會引起腎、眼睛和神經的損害。當身體血糖過低時，胰腺（pancreas）會分泌荷爾蒙升糖素（glucagon），升糖素會把存在肝的糖原（glycogen）變成糖送到血液裡，當身體裡的血糖過高時，胰腺會分泌一種荷爾蒙胰島素（insulin），把血糖轉變成糖原存回肝裡。

再者，這些調整的機制可能是多方面的。也就是說，身體可能透過幾個不同動作，來達到調整一個參數的目的。以人體的體溫調節為例，當外面溫度高時，我們會流汗，經由汗水的蒸發而降低體溫，一旦外面溫度低時，我們就不會流汗了。當外面溫度高時，皮膚表面的毛會躺平、增加表面空氣的流動，因而達到增加散熱的目的；當外面溫度低時，皮膚表面的毛會站來，形成一層隔熱的屏障，這正是為什麼天冷時皮膚會起雞皮疙瘩，就是讓皮膚表面的毛站起來的機制。當外面溫度高時，微血管會擴張，比較多的血會流到皮膚表面，達到散熱的

目的；當外面溫度較低時，微血管會收縮，讓較少的血流到皮膚表面，以減少熱的散失。因此，天冷時皮膚會變得蒼白，手指和腳趾會麻痺、沒有知覺。還有，當外面溫度降低時，身體會發抖產生熱量，當然也因此消耗了存在身體裡的熱量。

最後，過去醫學和生理學家相信，有些調整功能是比較獨立和片面的，如今大家都同意，許多調整功能是全面的，並且是經由大腦來主導啟動。

什麼是壓力？

壓力就是所有導致體內平衡受到干擾和破壞的外在因素，例如車輛衝撞事故是突然的生理衝擊，熬夜是長期的生理衝擊，憂慮緊張是心理上的衝擊，這些都會影響我們的體內平衡，也就是身體對壓力的反應。例如被老虎追趕時，我們得把體內的能量釋放出來，加快地跑，同時把不是最迫切的工作暫時慢下來，包括腸胃消化的功能、體內組織生長和復原的功能，甚至免疫功能都被壓抑。例如戰場上受了傷的士兵，對痛苦的感覺變得遲鈍，又例如在重要的場合，感官和認知能力方面的變化，包括耳朵對很小的聲音也聽得清楚，腦筋突然變得比較靈活等。

生理上的衝擊來自正在或已經發生的事故，引起身體的反

應，干擾破壞體內平衡。但是，心理上的衝擊可能來自還沒有發生、甚至不會發生的事情，為什麼呢？前面說過，體內平衡的調整是由大腦主宰，因為大腦有預估和期待的能力，即使是還沒有發生的事，大腦也可能會啟動體內平衡調整的功能。

當壓力導致體內平衡受到干擾和破壞時，身體就會啟動調整的機制，當壓力過去後，身體會關閉調整的機制。如果該啟動時不啟動，該關閉時不關閉，自然就會引發各種疾病。此外，反覆地啟動和關閉也會消耗能量、造成器官的耗損，引發各種的疾病。

荷爾蒙傳遞信息

大腦透過周邊神經系統（peripheral nervous system）控制人體的器官和肌肉的運動。周邊神經系統分成兩部分：一部分負責受我們意志控制的行為，例如走路、握手、說話等，叫做「軀體神經系統」（somatic nervous system）；另一部分則負責不受意志控制的行為，例如出汗、內分泌的產生、胃腸蠕動等，叫做「自律神經系統」（autonomic nervous system）。

自律神經系統的功能，包括對壓力做出反應、達成調節適應任務。自律神經系統又分成兩部分：交感神經系統（sympathetic nervous system）和副交感神經系統（parasympathetic nervous system），兩種神經系統有互補的功能。

當緊急、意外、刺激的情況發生時，交感神經系統就會反應，瞳孔擴張，讓較多的光進入眼睛；壓抑唾液分泌，把水分供給其他器官緊急使用；心跳速度加快，增加流到肌肉和肺的血液、減少流到內臟和皮膚的血液；讓肺的支氣管擴張，以增加氧氣的交換；壓抑消化功能的進行，增加腎上腺的分泌和刺激性功能的反應，因為這才是當務之急。換句話說，交感神經系統讓我們的身體進入興奮、警戒的狀態，好應付外來干擾。

反過來，當身體在平靜放鬆的狀態，或者吃得飽飽，或者在睡覺時，副交感神經系統就會發揮功能，瞳孔收縮，好讓比較少的光刺激視神經；唾沫分泌變多，刺激胃的消化功能、增加腸的蠕動；連接到消化系統的血管也會擴張，增加血液流動，幫助食物消化和營養吸收；因為氧氣需求較少的關係，肺的支氣管會收縮、心跳也會減速。換句話說，副交感神經系統讓身體得以休養生息，把養分儲藏起來，好讓身體增長發育。

大腦如何控制器官和肌肉的行為呢？答案是，大腦經由荷爾蒙把信息傳遞到器官和肌肉，這些信息包括心跳的加速、能量的釋放、身體的新陳代謝和成長發育、免疫功能的啟動壓抑等。其中，荷爾蒙扮演的正是信差的角色。荷爾蒙的英文是hormone，在希臘文中有帶動、刺激的意思。大腦經由荷爾蒙

的帶動，刺激器官和肌肉的各種生理活動，在我們身體裡，腦下垂腺、甲狀腺、胰腺、腎上腺、卵巢、睾丸都會分泌不同荷爾蒙。過去的觀點，這些腺體都是單獨運作，近代觀點則認為它們並非完全單獨運作，而是由大腦全面主導。不同荷爾蒙傳遞不同信息，其中有些和壓力的反應有密切關係，這些荷爾蒙或經由交感神經系統的末梢神經，或經由血液傳遞到器官和肌肉中。

壓力的影響

壓力會干擾、破壞我們的體內平衡，身體也會因而做出相當的反應，以試圖恢復原來的平衡。在這個干擾和反應的過程中，意外有時的確是過去了，一切又重回風平浪靜的世界，但是有些時候，這些干擾會引起或輕或重的疾病，甚至是無法回復的損壞。讓我們找幾個例子，來看看壓力對身體的影響。

首先，來看壓力對心血管系統及其他器官的影響。當你在山上遇到老虎，回過身來逃命時，交感神經系統就會啟動，副交感神經系統則是關閉，因為肌肉需要能量，儲存在肝脂肪細胞或肌肉本身的脂肪、蛋白質和糖都會被徵召，經由血液送到肌肉，此時送得愈快當然愈好，所以心跳的速度就會增加。同時，為了增加心跳的力量，交感神經系統會讓流到心臟的靜脈

收縮硬化，因此通過靜脈回流到心臟的血會以比較大的力道衝擊心房，心房就像一片拉緊的橡皮，以比較大的力反彈，把血液送出去，因此血壓就會上升；此外，把血液送到肌肉的血管會張開，增加血液流通，把血液送到重要的地方，反過來，消化系統的血管會收縮，就暫時減少流到消化系統的血液。

還有，你的身體不能缺水，因為腎的功能是把血液裡的水提吸出來排到身體外面，所以不但流到腎的血會減少，腎功能也會慢下來。我們常講的一個笑話，其實也是事實，老虎快要追上來時，被嚇得一褲子都是尿。這又怎麼解釋前面所說，身體在這個時候不能缺水呢？大家都知道，人體經由腎臟排到身體外面的水都會先儲藏在膀胱，膀胱是個簡單的容器，儲存在膀胱的水已經不能回流到身體來應急，只是一個負累，所以當你快跑逃命時，就會不由自主地把這個沉重包袱甩掉了。假如運氣夠好，打虎的武松突然出現，讓你逃過一劫，體內平衡便會回到正常狀態，交感神經系統休息，副交感神經系統開始執行任務。

我們大概一輩子也沒有機會遇見老虎，假如你真的天天碰到老虎，或者經常因為別的壓力因素引起相似的生理反應，身體會有兩個不利的情形。首先，交感神經系統和副交感神經系統是交互為用的，緊張時交感神經系統會啟動，放鬆時副交感

神經系統會介入，如果整天都處於緊張狀態，沒有片刻可以放鬆，副交感神經會因為很久沒有工作而變得遲鈍，連可以放鬆的時候也不能得到鬆弛的效果，最後變成惡性循環。

壓力和高血壓

面臨壓力時，身體會啟動若干機制來做因應，例如心跳加速、血壓上升等。當壓力過去後，這些生理上的反應也該停止，讓身體回復到正常的體內平衡狀態。但是持續的壓力加上身體調節功能衰退，會讓身體持續偏離正常的平衡，就會引起各式各樣的疾病了。

持續的壓力讓心跳速度和血壓超出正常範圍，久了就會出問題。心臟把血液送出去時的力度叫收縮壓，正常值在一百四十以下；把血液送回心臟的力度叫舒張壓，正常值在九十以下。超出正常範圍，就算是高血壓了。

血壓過高時，負責把血液送到全身的小血管，為了應付增加的壓力，管壁肌肉會變厚，血管因此變得比較僵硬，血流也不如以往通暢，血壓因此跟著再增高，陷入惡性循環。人的心臟有四個腔室，上部有左右心房，下部有左右心室。當血壓增高時，心臟受到的衝擊力也隨之增加，特別是左心室。為什麼呢？血液帶著氧氣流到身體各部位後，被收集回右心房，經由

右心室送到肺，在肺裡交換吸取氧氣後回到左心房，再經由左心室輸送到身體各部位，整個過程中，左心室受到的衝擊最大，因此左心室的肌肉會變得肥厚。如果左心房變得特別大，心臟失去均衡，就會引發心律不整，而且，過大的左心室需要更多的血液，也會引發不均衡的問題。

當血壓持續維持在高數值時，血管分支點受到的血流衝擊壓力最大，也因此會破損，血管的內壁撕裂發炎，在這些發炎的地方，脂肪、膽固醇、血小板等雜七雜八的東西容易凝聚起來，成為所謂的斑塊（plaque），這些斑塊會把血管堵塞，減低血液流通。假如這些堵塞使得往下半身流的血液不夠，走路時因為沒有足夠的氧氣和糖分被送到下半身，胸口和腳都會疼；假如這些堵塞使往心臟流的血液不夠的話，就會引發各式各樣的心臟病了。這些凝在血管壁的斑塊，如果有些碎片掉落、漂游在血管裡，就是血栓（thrombus），當血栓把心臟的某條血管堵住，就是突發性心臟病（heart attack）；當血栓把大腦的某條血管堵住，就是中風（stroke）。

壓力和新陳代謝

首先我們知道，食物經過消化後會被分解成簡單的分子，再經由血液送往身體的各部位。蛋白質會分解成胺

基酸（amino acid），澱粉、糖和碳水化合物分解成血糖（glucose，也譯作葡萄糖），脂肪則是分解成不飽和脂肪酸（unsaturated fatty acid）和甘油（glycerol）。這些簡單的分子被送到身體各部位，促進身體成長，並做為維持身體運行的能量。不過當你吃了一頓大餐後，產生的養分不會馬上被各個器官消耗掉，剩下的先被儲存起來，不會任其在血液裡浮游。

身體中用來儲存養分的最重要器官就是肝，好比我們每個月領的薪水，不會一下把錢都用掉，也不會全部帶在身上到處亂花，而是把大部分的錢存在銀行，再慢慢使用。我們的身體會先將胺基酸轉換成蛋白質、血糖轉換成糖原，不飽和脂肪酸和甘油轉變成三酸甘油酯（triglyceride）。等身體需要養分時，再反過來轉換成胺基酸、血糖等，再送到需要的部位去使用。這就是我們正常的「消化、吸收、儲存」循環。

當身體因應付壓力而需要額外的能量時，會如何應變呢？首先，身體馬上會將血液中的養分轉換成糖原和三酸甘油酯，而且把儲存養分的動作停下來，同時將儲存在脂肪裡的糖原和三酸甘油酯轉變成血糖和不飽和脂肪酸，送到血液裡。這些轉換動作都是由交感神經分泌的荷爾蒙來引發。同時，身體還有好些聰明的小動作，例如在應付壓力時，體內的荷爾蒙有個機制，只讓腿部肌肉吸收血液中的養分，甚至徵召肩膀和肚子

肌肉裡儲存的蛋白質，轉換成胺基酸，肝臟也會製造新的血糖等，這些都是應急的動作，在危機過後，身體就會回復到原本體內平衡的狀態。但是如果長期承受壓力，身體會吃不消。

首先，持續的壓力會帶來長期反覆不斷的能量需求，也就是頻繁的養分轉換動作。養分的轉換需要消耗能量，就像你不停地把錢存進銀行又提出來，錢不僅不能生利息，還得付存款提領的手續費。其次，很多蛋白質都存在肌肉裡，如果不斷把蛋白質存進又提出分解，肌肉可能會因為過分操勞而萎縮。此外，壓力增加時，血液裡的血糖、脂肪都會增加，這些對身體來說都不是好事。

膽固醇和胰島素 ── 平不平衡很重要

在身體的脂肪中，我們先來談談膽固醇（cholesterol）。膽固醇是一種身體必需的、具多種功能的脂肪，人體會自行製造膽固醇，也會從食物裡吸收。膽固醇無法溶在血液裡，而是依附於蛋白質，在血液裡流動。有些膽固醇依附在低密度的蛋白質上，就是被稱為低密度脂蛋白（LDL）的膽固醇，這些是會在血管壁上形成斑塊的膽固醇，也就是所謂「壞的膽固醇」；有些膽固醇則依附在高密度的蛋白質上，就是我們常說的「好的膽固醇」高密度脂蛋白（HDL）。就好像是裝在

LDL 箱子裡的膽固醇，目的地是血管壁，對心血管系統是不好的；另一些裝在 HDL 箱子裡的膽固醇，目的地是肝臟，對心血管系統是好的。所以體檢時，我們希望血液中 LDL 的膽固醇低、HDL 的膽固醇高，就是這個原因。當膽固醇黏附在血管壁上，就會引發血管堵塞和硬化。

接下來我們看血液中血糖的管理機制，胰腺會分泌胰島素，把血液裡過多的血糖變換成糖原存在肝臟裡，當血糖過低或應付壓力所需時，胰腺會分泌另一種升糖素，將儲存在肝臟裡的糖原轉變成血糖，送回血液中。壓力來臨時，交換的動作增加，如果胰腺不能夠分泌足夠的胰島素，或者胰島素無法發揮功能，就會引起糖尿病（diabetes）。

胰島素除了把血液中的血糖轉成糖原，存在肝臟裡之外，另一個重要的功用是，幫助身體的細胞吸收血液中的血糖。因此，缺少胰島素的兩個後果是：第一，血液中血糖過多，過多的血糖會附在血管壁上，引起堵塞硬化等問題；第二，身體細胞因為缺乏血糖的養分，器官功能會出問題。

從一九二〇年代開始，我們可以注射人工製成的胰島素來補償。然而，維持體內胰島素的平衡並不容易。胰島素過少使得器官功能不彰；過多又會引發休克昏迷。面臨壓力時，不僅讓血糖和不飽和脂肪酸的量產生劇烈變動，還會增加細胞對胰

島素的抗拒，使得維持胰島素的平衡，更加複雜。

　　至於第二個類型的糖尿病，不是因為身體沒有足夠的胰島素，而是體內細胞對胰島素產生抗拒。例如過胖的身體，儲存脂肪的細胞已經滿載，這時胰腺還是會繼續分泌胰島素，去刺激脂肪細胞，但脂肪細胞卻不再理會胰島素的刺激，這樣一來，不斷地製造胰島素，使得胰腺受到損害，失去原本的功能，變成第一類型糖尿病。

　　心血管系統與新陳代謝系統的疾病可說是相互關聯，血壓過高、膽固醇過高、體重過高，以及胰島素的抗拒，差不多是互為因果，有了一個，其他也很容易就出現，這一切都是壓力在搞鬼。

食欲 —— 忙不停又瘦不了？

　　感受壓力時，大腦會刺激好幾種荷爾蒙釋放，而其中之一就有刺激食欲的效果。

　　在大腦主宰引導之下，身體會自動維持體內平衡狀態，而壓力正是導致體內平衡受到干擾和破損的外在因素。壓力有短暫、也有持續的，有生理上、也有心理上的。交感神經系統會因為壓力而做出反應，副交感神經系統則負責在壓力消失後恢復體內平衡。前面提過壓力對心血管系統、新陳代謝功能的影

響，接下來要談的是壓力對消化系統和免疫系統的影響。

醫學上觀察到，在承受壓力的情況下，有人吃得比平常多，有人吃得比平常少，二者人數大約是二比一。為什麼呢？感受到壓力時，大腦會刺激好幾種荷爾蒙的釋放，其中有種叫做「促腎上腺皮質激素釋放激素」（corticotropin releasing hormone，CRH），它會壓抑食欲，因為處在壓力狀態下，消化不是當務之急，可以暫緩下來。另外還有一種「糖皮質激素」（glucocorticoid），會增加血液中血糖的分量，因為在壓力之下，我們需要能量來應急，但這種荷爾蒙也有刺激食欲的功用。

到底我們的食欲是被壓抑，還是被刺激呢？答案是，當壓力發生時，第一種荷爾蒙 CRH 會很快被釋放到血液裡，第二種則比較慢。當壓力過去後，第一種荷爾蒙很快就會消失，第二種荷爾蒙卻會存在比較長的一段時間。正好解釋為何當壓力發生的當下，一般人都會感到沒有胃口，而當壓力過去後，在恢復的過程中就胃口大開了。如果壓力維持很長一段時期，就會有一段長時期胃口很差；如果壓力是斷斷續續的，來了又過去，再來又再過去，就會讓許多人不斷地猛吃，不少上班族都有這樣的經驗。

糖皮質激素因為要幫助身體在壓力之後復原，所以不但會

刺激食欲，也會幫助儲存能量。它會刺激身體的脂肪細胞，讓脂肪細胞分泌一種酶（enzyme，即酵素），分解血液中的養分，然後儲存在脂肪細胞裡。身體的脂肪細胞可以分成皮下脂肪細胞，以及內臟脂肪細胞，假如大量脂肪儲存在腰圍以下、臀部附近的皮膚脂肪細胞裡，身體就會變成像個西洋梨；假如大量的脂肪儲存在肚子附近的內臟脂肪細胞裡，體形就會像蘋果。壞消息是，糖皮質激素荷爾蒙會刺激肚子裡的內臟脂肪細胞，將脂肪儲存起來，造成蘋果狀的體型。因為儲存在肚子裡的內臟脂肪離肝臟比較近，容易跑到肝臟那邊，這是蘋果體型的缺點。看起來，也許甘蔗體型比較理想吧！

胃腸消化系統

首先，消化食物是要消耗能量的，咀嚼食物的運動量也不用說，我們的胃除了化學作用之外，還透過持續的收縮動作來消化食物。小腸的蠕動可將食物從小腸上端推到下端，在這個過程中，小腸將食物養分吸收送到身體各部位去。大腸也有同樣的蠕動，好把食物中剩下的廢物變成糞便，排到身體外，此外，大腸還要負責另外一件事：在消化的過程中，在嘴裡、胃裡、小腸裡，身體要不時把水分加到食物裡，讓食物變成糊狀，好讓養分被分解吸收，到了大腸，大腸負責把水分回收，

送回身體。這又再一次回應前面所說的，壓力會把消化功能減緩下來，這也是在緊張時，嘴裡的唾液會減少卻不覺得口乾的原因。總而言之，消化功能大約會消耗掉身體能量的一〇％到三〇％。

身體要排泄到外面的水，會先儲存在膀胱裡，但是外來的壓力會導致失控，同樣的，經過消化的食物變成要排泄到外面的糞便，要先儲存在大腸裡，外來的壓力也會導致失控。前面提過，大腸的功能是要把食物裡的水分回收，大腦可能因為對外來壓力的反應，而來不及把水分回收，就是緊張時刻會拉肚子的原因了。

講到壓力，大家就會想起胃潰瘍。潰瘍是指某個器官的壁破了一個洞，與消化器官有關的主要是胃潰瘍和十二指腸潰瘍。一直以來，醫學家都認為引發胃潰瘍的主因是壓力。直到一九八三年，兩位澳洲醫生馬歇爾（Barry Marshall）和華倫（Robin Warren）發現，幽門螺旋桿菌是導引消化器官潰瘍的主因，這是一個重大、出乎意料之外的發現。把導致潰瘍的真正原因找出來後，我們就可以用有效的抗生素來治療潰瘍，馬歇爾和華倫也因此在二〇〇五年得到諾貝爾醫學獎。

話說回來，雖然幽門螺旋桿菌是引起胃潰瘍的直接原因，仔細地去看，壓力還是一個可能的相關因素。我們分泌胃酸來

消化食物，為了避免胃酸傷害胃壁，胃裡會分泌若干濃厚的黏液，一層一層地保護胃壁。壓力來的時候，胃酸的分泌會減少，黏液的分泌也會減少，壓力過了之後，身體輕鬆下來，胃酸的分泌往往會因為壓力過後的大吃大喝而增加，此時保護胃壁的黏液還是比較少，胃酸就可能會損害到胃壁了。再者，壓力來的時候，流到消化系統的血液會減少，胃壁微血管因為缺氧而枯死形成小塊，也成為潰瘍的開端。

免疫力

　　人體的免疫功能可以分成先天免疫功能和後天免疫功能。先天免疫功能可以說是對外來微生物，包括病毒、細菌、真菌（fungus）和寄生蟲（parasite）的第一道防線，後天免疫功能則是第二道防線。

　　先天免疫功能是與生俱來的一般性反應，而非對某種特定微生物的反應，也是迅速的反應。而且，先天免疫功能對微生物沒有免疫記憶的能力，換句話說，當身體一再遇到同樣的微生物時，還是一再有同樣的反應。有些先天免疫功能，就像人體對外來微生物和雜物的阻擋屏障，皮膚、鼻孔裡的鼻毛、呼吸道和食道裡的黏液膜就像城牆般，把想要入侵的敵人攔下，眼淚、咳嗽、打噴嚏也是驅除入侵敵人的動作。

另一個常見的表現是發炎，發炎的拉丁文字源是著火的意思，癥狀就是發紅、發熱、疼痛、腫脹。發炎是個相當複雜的生理反應，主要靠身體的白血球和其他的化學物，把外來的微生物破壞消除，讓受損害的身體部分復原。

後天免疫功能則是脊椎動物才有的功能，是我們出生後才建立起來的功能，對特定微生物有辨別和防禦的功能，反應較慢且對微生物有免疫記憶的能力。換句話說，當身體遇到以前碰過的病毒和細菌，身體會知道如何應付，這正是身體經由自然的過程感染到，或者經由人工注射、口服疫苗而建立的免疫功能。後天免疫功能主要依賴人體內的兩種淋巴細胞，叫做 T 細胞和 B 細胞。這兩種細胞都在骨髓裡製造，只不過 T 細胞儲存在胸腺（thymus），B 細胞儲存在骨髓裡。

這些細胞也儲存在脾臟和淋巴結裡，透過淋巴液和血液來循環，到身體各部位和病毒、細菌打仗。不過 T 細胞和 B 細胞打仗的手段不同，T 細胞的手段比較激烈，會產生毒性直接把病毒和細菌殺掉；B 細胞的手段比較緩和，產生抗原（antigen）把病毒和細菌包起來，讓病毒和細菌不能活動，然後再予以消滅。這是對身體免疫功能的簡單介紹。我相信大家會得到兩個印象：第一，身體的功能的確非常神妙；第二，身體的功能都有其道理，有不同層次的防禦，也有不同的手段方

法，達到消除外來干擾和破壞的目的，實在了不起。

心理上對免疫功能的影響

截至目前，我們只描述了人體免疫功能的生理層面，那麼心理對免疫功能有沒有影響呢？答案是有的。科學家曾做過一個實驗，在對玫瑰花敏感的人面前放一束假玫瑰花，如果受試者不知道這是假的，就會對這假玫瑰花產生敏感反應。另一個實驗是，科學家把壓抑免疫功能的藥物混在有香料的飲品裡給白老鼠喝，一段時間後，喝了僅有香料而沒有藥的飲品的白老鼠，也會有壓抑免疫力的後果。

究竟，壓力對免疫功能有什麼影響？讓我們先做一個生理上的解釋，就是大腦透過什麼機制來影響免疫功能呢？前面提過，在壓力之下，大腦會命令交感神經刺激某些荷爾蒙的分泌，例如糖皮質激素，這些荷爾蒙會壓抑淋巴細胞的形成，降低新的淋巴細胞釋放到血液中的速度，縮短血液中淋巴細胞循環的時間，甚至把淋巴細胞消滅掉、壓抑抗體的形成，以及壓抑先天免疫的功能，例如發炎等。看到這裡，你一定會說：「我懂了，你在告訴我壓力會降低免疫功能。」這似乎和前面提過的一樣：壓力產生時，身體為了應付許多額外的能量需要，會將免疫系統暫時慢下來。這個答案只對了一半。

事實上，壓力剛出現時，免疫功能是增強的，直覺地想，這是頗有道理的，因為身體進入戒備狀態。如果壓力持續的話，免疫功能會慢慢回到基點，壓力再持續的話，免疫功能會降到基點以下。為什麼身體要避免讓免疫功能長期提升呢？一個很好的比喻是，如果讓軍隊長期處於高度警戒狀態，首先會消耗能量，其次會有擦槍走火的危險。所謂擦槍走火指的是，免疫系統把身體的某些細胞誤認為外來入侵者，而發動予以消滅破壞的動作，醫學上稱之為「自體免疫疾病」（autoimmune diseases）。

我們都知道，長期的壓力會降低身體免疫的功能，但是不是也增加了感染疾病的可能、減低我們對抗已經感染的疾病的能力呢？這個思路很有道理，也有若干證據支持。然而就科學的觀點來看，這些說法仍未被清楚地證實。例如有研究指出，過著孤單生活、人際關係支持較薄弱的人，平均壽命比較短，也容易受傳染病的影響。那麼，我們知道愛滋病的病癥是身體免疫功能被壓抑、破壞，那麼壓力對愛滋病的引發會有多少影響？對已經患有愛滋病的人有多大的影響？同理，壓力對癌症的引發有多大的影響？壓力對已經患有癌症的人有多大影響呢？

這些在目前都尚未得出清晰的科學性答案，因為除了生理

因素外，心理的反應、生活方式的改變都可能是相關因素。

鴉片接受器與難忘的貓王

　　從生理的觀點來看，我們可以清楚地找出「壓力減輕身體對疼痛反應」的線索。多年以來，大家都知道鴉片、嗎啡、海洛英這些藥物有減輕疼痛的功能，而且化學結構相似。到了一九七〇年代，科學家把答案找出來了。這些藥物會和大腦裡的一種叫「鴉片接受器」（opioid receiver）的蛋白質結合起來，然後從大腦倒過頭來送一個訊號到脊髓，壓抑把疼痛刺激訊號送到大腦的發訊神經細胞的反應。

　　不過，鴉片、嗎啡、海洛英這些藥物，都是人工製成進入到我們身體裡的化學品，人體本身會不會產生相似的物質呢？答案是會的，而且壓力會刺激身體分泌這些和鴉片相似的化學物。因此在壓力之下，我們的確會忘記或減輕疼痛的刺激。

　　這個發現有另一個有趣結果，多年來在東方醫學裡，我們都知道針灸有免除或減輕疼痛的功能，為什麼呢？現在有足夠的證據顯示，針灸會激發身體分泌和鴉片相似的化學物，但為什麼針灸會有這個功能？目前我們仍停留在「只知其然而不知其所以然」的階段。另一方面，我們也知道在許多情形下，壓力會提升我們對疼痛刺激的感覺。半夜牙齒疼，打電話給牙

醫，只聽到答錄機的回應，牙齒會疼得愈來愈厲害。雖然直覺來說，壓力提高了身體的警覺性，因此身體對疼痛的反應也特別敏銳，不過在沒有完整的生理證據前，我們還是得回到前面所說的，大腦對疼痛反應是會受心理和情緒因素影響的。

最後，也是大家最關心的問題：長期持續的壓力加上長期持續的疼痛，會對身體有什麼特殊影響嗎？尤其如前面所說，壓力會讓身體分泌和鴉片相似的化學物質，減輕疼痛的感覺。長期的壓力將導致身體長期分泌這些化學物，總不是好事吧！好消息是，也許因為身體無法長期地分泌這些化學物，所以醫學上有證據的是「壓力減低疼痛的效果終會消失」，我們不必為了鴉片和嗎啡的上癮而擔心。

醫學上有兩個重要、有趣的例子。一個名為 HM 的病人（為了隱私權，他的名字是保密的），現在已經八十多歲。二十七歲時，醫生為了治療他的癲癇症狀，割掉了他的部分大腦，讓 HM 失去把短期記憶轉成長期記憶的能力，也就是說，他沒有保存新資訊的能力。例如，他不會記得昨天中午吃了什麼，但記得十六歲以前的事。雖然喪失了開刀前十一年和開刀後的記憶，他的視覺和聽覺仍是正常，語言能力也很完整。儘管 HM 沒有把新資訊加到陳述性記憶裡的能力，但他還有學習新動作的能力，把這些資訊加到他的程序性記憶裡。

第二個例子是在報上看到的一篇報導，美國洛杉磯有位四十二歲的女士，她對自己十四歲後每天的生活細節都記得非常清楚。你說一九七七年八月十六日，她會告訴你那天是星期二，知名搖滾樂歌手貓王（Elvis Presley）就是那天死的。她說這種異常的記憶力有正面和負面的影響，遇到困難時，她會有種溫暖的感覺和信心，相信自己會把問題解決，但也會記得每一個犯過的錯誤、每一次被人羞辱的經驗，因此經常睡不好，完全沒有辦法自主控制這種記憶的能力，此外她對理解抽象觀念的能力比較差。的確，大腦是個非常複雜奇妙的器官。

壓力和大腦對疼痛刺激的反應究竟有沒有關係？答案當然是有。壓力會減輕、乃至於消除身體對疼痛的反應，都是由於心理和生理的因素所致。戰場上的士兵忘記受傷的疼痛，運動場上的運動員忘記肌肉疲乏的疼痛，都是壓力減少疼痛的例子。

記憶力 ── 記不住，忘不了

接著，談談壓力對記憶力的影響。

首先，簡單地了解「什麼是記憶？」記憶就是接收、處理、儲存和檢索資訊的能力。在身體裡，大腦是負責記憶的器官，其實大腦的不同部分負責不同的功能，最重要的兩個部分

是大腦皮質（cerebral cortex）和海馬迴（hippocampus）。前者就像電腦裡的硬碟，資訊都儲存在這裡；後者如同電腦的鍵盤，負責處理資訊，也把資訊轉移到大腦裡。

記憶可分成三個層次：感官記憶、短期記憶和長期記憶。感官記憶就是保存透過感官接收到資訊的能力，例如透過視覺接收的印象、透過聽覺接收的聲音。感官記憶最多只能維持兩、三秒鐘，資訊就會從感官記憶轉成短期記憶。短期記憶是被接收、儲存後可以馬上提取的資訊，能夠維持三十秒鐘左右。

感官記憶和短期記憶有兩個不同的地方，其一，感官記憶的容量很大，短期記憶的容量則相當有限。一個很有名的實驗結果是，我們的短期記憶只能夠容納七個左右的項目，例如看到一連串的英文字母時，短期記憶只能夠記住幾個字母。其二，感官記憶對資料是不做任何處理的，短期記憶會對資訊做些處理，以增加短期記憶的容量。一個簡單的例子是，把資訊連接成小塊段，例如將有十一個數字的手機號碼分成三段，會比較容易記得。

再來，短期記憶又會再轉成長期記憶，長期記憶的容量幾乎是無限大，可以維持約一輩子。長期記憶是不斷在改變的，某些部分會被清晰保留，某些則被模糊地保留，某些部分終將

完全消失。此外，長期記憶裡的資訊是有關聯性的，這些關聯的建立會隨著時間改變。例如，從女兒慶生會的記憶，讓你聯想起她的某位老師念過的大學……有句順口溜，說的正是人上了年紀後長期記憶的變化：「要記的記不住，要忘的忘不了。」

記憶的能力也可以分成兩類：一個叫做「陳述性記憶」（declarative memory），就是對數字、人物、事件記憶的能力，例如復活節是哪一天，好朋友的生日，上週老闆修理你時講了哪些難聽話。另一個叫做「程序記憶」（procedural memory），是對行動的記憶，例如怎麼騎腳踏車，怎麼綁鞋帶，怎麼練鋼琴。這兩類的記憶是可以轉移的，例如剛學騎腳踏車時，你會記得眼睛往前看，挺起胸膛，車子快要倒時要用力踏，這些是陳述性記憶。學會了騎車後，一切都會變成程序記憶，很自然地從大腦裡跑出來，而且過了十幾、二十年也不會消失。練舞時，記住左腳右腳、前前後後的舞步是陳述性記憶；舞林高手在表演時，靠的就是程序記憶了。

壓力對記憶力的影響又是如何？輕度、短暫的壓力有助提升記憶力，這正和我們的直覺一致，壓力的確會讓我們提高警覺、集中注意力。在一個實驗裡，兩個架構相似的故事念給兩組人聽，第一組的故事內容比較平淡，第二組的故事中間有個

比較刺激的段落，幾個星期後發現，第二組的人對比較刺激的段落記得較清楚，原因是興奮和激動讓交感神經系統分泌的荷爾蒙對記憶具有幫助。為了證實這個論點，當科學家把壓抑交感神經的藥注射在第二組人身上後，他們對故事平淡的部分和第一組人記得的差不多，對比較刺激那部分卻不再清楚記得了。交感神經系統不但間接提高大腦海馬迴的活動，也增加了麩氨酸（glutamate）的產生，麩氨酸對記憶是有直接助力的。

不過，正如我們預期，長期強大的壓力對記憶力的影響是負面的。前面提過，在壓力之下，身體會分泌糖皮質激素，大量的糖皮質激素對大腦海馬迴是有害的，糖皮質激素會讓神經細胞間的連結受損，減少新神經細胞的產生，甚至死亡。這句話表面上有點矛盾，因為按照上面的說法，在輕度短期的壓力下，小量的糖皮質激素對海馬迴有幫助，但在長期強大的壓力狀態中，大量的糖皮質激素對海馬迴則是有害。

睡眠 —— 睡得好，人不老

睡眠堪稱人生大事，睡眠不足時，荷爾蒙該減少的沒少，該多的不夠多，對身心都造成壓力。

現在，我們來談談壓力對睡眠、老化和生育過程的影響。

人一生中有三分之一的時間都花在睡眠上，然而不論在醫

學、生理學和心理學中，睡眠還是個尚未被完全了解的狀態和過程。動植物和人類體內都有一個生理時鐘，由身體裡的內分泌主宰，功能之一就是控制睡眠和清醒的循環。換句話說，生理時鐘會告訴身體「睡覺的時間到了」；白天活動時，身體會產生一種發送神經訊號的化學物腺苷（adenosine），這種化學物會降低身體維持清醒的功能。當腦子裡的腺苷積聚到一個程度，我們就想睡覺了。

睡覺在生理學上的定義，就是失去知覺但會自動復原的生理狀態，身體某些功能也會停止或緩慢下來。睡覺時，我們對聲音和觸覺的反應會降低，新陳代謝也會降低，但大腦的活動卻是非常複雜。

我們常把睡眠分成「淺眠」和「沉睡」，或者「有夢的睡眠」和「沒有夢的睡眠」，生理學有個比較清晰的分類，將睡眠分成「快速動眼睡眠」和「非快速動眼睡眠」。後者可再分為四個階段：第一階段是昏昏欲睡，眼睛還是會慢慢移動，肌肉活動降低，也很容易被叫醒；第二個階段則是淺睡，眼睛移動停止、心跳減緩，體溫也降低；第三階段和第四階段是沉睡，在這兩個階段是不容易被叫醒的。睡覺時，我們從第一階段開始進入第二階段，然後第三、第四階段，再倒過來從第四階段回到第三階段、第二階段，轉入快速動眼睡眠期。此時，

眼睛開始迅速移動，眼皮也會跳動，有作夢情形出現，呼吸加速且不規則，心跳和血壓也增加，大腦活動的程度和清醒時差不多。在不同的睡眠階段，科學家用電極在頭皮上量出來的腦波頻率不同。從非快速動眼睡眠第一階段開始，經過第二、第三、第四階段，再倒來回到第一階段的睡眠，大約費時九十～一百一十分鐘，然後又重新自第一階段重複同樣的循環。因此，在一段六到八小時的睡眠裡，會經歷三到五個這種循環。也就是說，眼睛迅速移動、也就是作夢的睡眠時段，一個晚上會發生三至五次，大約占全部睡眠時間的二〇～二五％。

事關重大的睡眠

睡眠的功能究竟是什麼？可不光是為了休息。首先，當我們清醒時，大腦會消耗相當多的能量，占總消耗能量的四分之一。睡覺時，大腦的活動慢下來，身體也趁機補充儲存在大腦的能量。諸位應該還記得，我們身體把血糖轉成糖原，然後把糖原儲存在肝、大腦、肌肉等地方。第二，睡眠也讓大腦的溫度降低，得到休息。第三，有個說法是睡覺是為了要作夢。有種說法是，假如我們一天沒有睡覺，第二天睡覺時，夢會作得特別多。這頂多只能說我們需要作夢，但沒有說明作夢有什麼功能。作夢時，大腦活動不比清醒時少，有些科學家認為作夢

可以讓大腦在清醒時不太活動的部分，得到運動操練的機會。第四，睡眠與認知是有關聯的，有時候一個困難無解的題目，在睡了一覺醒來後，答案就在腦海出現了。第五，睡眠會幫忙把清醒時蒐集的資料做整理，甚至把資料間的關聯性建立起來，清醒時找不到的資料，睡眠可能會幫助大腦找出來。第六，有些專家認為睡覺時在修補復原被磨損破壞的神經細胞。第七，睡眠帶給我們良好的情緒狀態。

　　睡眠和壓力其實是互為因果，睡眠不足會對身體產生壓力，壓力也會影響睡眠。當我們睡覺時，負責對外來的刺激做出反應、使身體進入興奮警戒狀態的交感神經系統會慢下來，讓身體進入一個平靜鬆弛狀態的副交感神經系統會啟動，增進消化功能，儲存能量，某些荷爾蒙如糖皮質激素的分泌會降低，某些荷爾蒙如生長荷爾蒙的分泌會增加。睡眠不足時，這些荷爾蒙的分泌就朝著反方向去，該少的沒減，該多的又不增。前面提過，交感神經系統分泌的糖皮質激素對記憶力有害，會讓神經細胞間的連接受損，減少新神經細胞的產生，甚至引起神經細胞的死亡。糖皮質激素也會把腦裡儲存的能量消耗掉，這就是為什麼我們開夜車準備考試，到了考場突然感到一片空白，許多東西都記不得的原因，睡眠不足也會影響身體新陳代謝和免疫的功能。

相反的，也正如我們的預期，壓力會讓我們睡不好。前面提過，處在壓力之下，大腦會分泌一種荷爾蒙 CRH，直接影響大腦的反應，並幫助啟動交感神經系統的活動，壓抑睡眠，對第三、第四階段的沉睡狀態影響最大，讓我們睡不著也睡不好，降低睡眠品質。

說到這裡，大家一定很擔心，睡眠不足形成壓力，壓力又影響睡眠的時間和品質，會不會從一點點壓力或一點點失眠開始，雪球愈滾愈大呢？這點倒是不必太擔心，當睡眠不足到達某個程度，身體已經吃不消時，壓力的作用也就不會那麼顯著了。

壓力和老化的關係

老化是個複雜的生理過程，一個有趣但重要的問題是：既然細胞有複製能力，那麼讓老化的細胞複製一個新的，等新的老化了再複製一個新的，不是就可以生生不息、消除老化的現象嗎？生物學家海佛烈克（Leonard Hayflick）發現，細胞的分裂複製大概重複五十次左右，就不能再複製了，這就是所謂的「複製衰老」。染色體中的 DNA 在複製時，染色體末梢會受到磨損，當磨損到某個程度時，細胞就失去複製能力。那麼，這些末梢受到磨損的染色體複製出來的 DNA，功能會不會改

變呢？答案是不會，這些末梢只不過是複製過程中的一個要角而已。

對整體的器官來說，老化不只是功能的衰退，更重要的是對壓力應變的能力降低。再說清楚一點，正常情形下，老化器官的功能沒有問題，一旦面對壓力時，老化器官就會應付不過來。於是，可能出現以下兩種情形：

第一，在壓力之下，身體無法做出應有的回應。老人的心臟功能在正常情形下，和年輕人相差不大，可是在刺激的運動之下，就比不上年輕人；遇到極端炎熱或寒冷的環境，老人體溫恢復正常的速度也比較慢。第二，在壓力之下，容易產生過度的回應。例如，處於壓力下分泌的荷爾蒙，在壓力過去後仍會持續一段時間，不會那麼快停下來。常見的情況是，空腹時，老人的血糖指數正常，吃了一頓大餐後，年輕人的血糖指數會在上升後較快恢復正常，老人的血糖指數則需要較長時間才能恢復。不但老化的器官對壓力無法做出適當回應，反過來，壓力也會增加器官老化的速度。

一百多年前，科學家有個論點，是說人的心臟一輩子只能夠跳有限的次數；在壓力下，心跳速度增加，壽命也就跟著縮短。當然，這是個過分簡化的論點，不過壓力增加身體器官的損耗，的確有很多證據。前面提過，壓力對糖尿病、高血壓、

心臟病等都有影響，在老年人身上更為明顯。老化的器官對壓力不能做出適當回應，在許多情形下，會因而加速器官衰老；壓力再來，回應更差，又再增加器官衰老退化。

當我們提到生理學上的問題時，指的都是平均值。然而，許多的生理指標，年輕人和平均值差距遠的人比較少，對老年人來說，和平均值差距遠的人比較多。用個簡單的例子來解釋，一百零一和九十九的平均是一百，一百一十和九十的平均也是一百，這就是統計學上「變異數」（variance）的觀念。

放輕鬆，好孕自然來

最後，我們來談壓力對生育過程的影響。前面提過，壓力會影響身體荷爾蒙的分泌，包括好幾種性荷爾蒙；壓力也會影響交感神經和副交感神經系統間的互動，就是興奮、舒緩的生理狀態轉換，這些對生育都有相當密切的影響，尤其女性排卵、受孕、流產等生理現象都受壓力影響。女性生理期間的前半段，身體中好幾種荷爾蒙的分泌會增加，促進卵巢排卵作用，當荷爾蒙的分泌因壓力而減少時，正常排卵的機會就會下降。女性生理期的後半段，身體開始分泌其他荷爾蒙，這些荷爾蒙的主要的功能是讓子宮壁細胞成熟，做為受精胚胎依附發育的地方，一旦荷爾蒙的分泌受到影響，就會妨礙子宮壁細胞

的成熟，影響胚胎依附在子宮壁上發育成長的機會。

　　生理學家發現，女性的腎上腺會分泌少量男性荷爾蒙，這些男性荷爾蒙必須靠身體裡的脂肪細胞，把它改變成雌激素（estrogen）。假如身體中脂肪細胞減少、萎縮，改變了這個過程，就會影響到生育力。所以長期饑餓、厭食，以及在訓練中的長跑或游泳的女性運動員，排卵期都可能因為脂肪細胞的減少而受影響。

　　還有，當孕婦承受壓力時，體內血液的流動會影響流到胎兒的血液量，母體的心跳速度也會影響到胎兒的心跳速度。當然，生育的過程相當複雜，但總括來說，我們身體的抗壓力還是相當強的。

2.3 學會與壓力共舞

　　前面主要談壓力對身體健康的影響，很多實驗結果都指出，外來壓力會讓我們失去體內平衡，心跳加速、血壓上升、血糖和荷爾蒙的分泌增加或減少。這一切的後果可能是，健康暫時受到影響，也可能招致長遠的損耗和破壞。從科學觀點來看，這其實是無數人花了無數的時間，努力累積得來的結果，讓我們對許多生理現象的來龍去脈、前因後果，有了清楚的明白和了解，然後進一步按照這些資訊研製藥物，治療壓力所引起的症狀。然而，即使我們真的把身體看成一臺機器，也絕對是臺非常複雜的機器，沒辦法靠著方程式、情境模擬，把壓力及其產生的反應、結果精確算出。更何況，除了生理因素外，心理因素在身體對壓力的反應上，也扮演了重要角色。換句話說，不同人在相同的壓力條件下，會因不同的心理因素，產生全然不同的反應。

　　接下來，我們要談的就是心理因素對承受壓力程度的影響。對壓力的處理有兩個大原則：首先，如何避免壓力產生？

其次，如何面對壓力？

　　避免壓力產生的首要原則，就是建立自己的價值觀，不為自己製造壓力。學生要考第一名、進一流學校是件好事，但現在沒做到也不代表就是求學上進的終點；在工作上賣力、為業績打拚是正確的目標，但不能因此而影響到健康、家庭和個人的生活。

　　有人戴著國際知名科學家的桂冠，有人默默在課堂裡培養下一代，都盡了當教授的責任。魚翅、牛排、紅酒、香檳當然是大快朵頤，但兩條雞腿、一罐啤酒何嘗不是酒醉飯飽。開完同學會，有人昂首闊步踏上黑頭車，你卻得趕捷運回家，遇上塞車的話，說不定你還比較早到家。《論語》（雍也第六）說：「賢哉，回也！一簞食，一瓢飲，在陋巷，人不堪其憂，回也不改其樂。」孔子說顏回真是了不起呀！吃一小碗飯、喝一瓢冷水，住在偏僻狹窄的巷子裡，別人受不了，顏回卻自得其樂。這正是因為顏回有自己的價值觀，所以感受不到任何壓力。

　　被拒絕、被排擠、被責罵、被嘲笑、被輕視、被遺忘，也許事出有因，或許查無實據；不妨反躬自省，也大可一笑置之。不必為了逃避壓力而選擇消極的人生觀，積極、進取、用自己的價值觀做為人生指引，壓力自然不會找上你。

生活中也有許多相似的例子。你坐在牙醫的診療椅上，醫師拿著電鑽去鑽一顆大蛀牙，讓你疼得眼淚直流，醫師停下來，上看下看、左敲右打，突然又繼續鑽幾下，還吩咐護士小姐拿這個、拿那個儀器，真讓人心跳加速、冷汗直冒，這時如果醫師大人說：「再鑽三下就可以結束了。」那麼即使再疼也熬得過去。

地震後斷斷續續，突如其來的餘震；颱風來襲，考試要不要延期……都是難以預估的意外情況發生的時刻，增加身體承受的壓力。因此，抵抗壓力的方法之一就是蒐集有用的預測資訊。老虎在後面追，路標顯示再跑五公里就到山腳小鎮了；在深山迷路，手機傳來的訊息是救援直升機天亮就會抵達了；動手術以前，醫師把可能的情況做了詳細的解釋……都是具有紓壓作用的預告。不過，有些預警的資訊沒有太大作用，例如「明天星期五，新竹到臺北的路會大塞車」，這是不講也知道的資訊，「明年油價又要再漲」則是太遙遠的資訊，對舒緩的幫助不大。

不過，太多的資訊可能也有反作用。手術前，你把所有的相關細節、可能的反應和後遺症的資料都蒐集完全，反而會增加心理的壓力。另外，能對外來壓力有若干程度的控制，也會幫助身體調節壓力。兩群白老鼠斷斷續續被電流刺激，其中有

一群經過訓練，知道按下一個槓桿就可以免除痛苦，那麼即使那個槓桿已經失去功能，只要槓桿還在，仍能幫助老鼠減壓。換句話說，能夠控制外來壓力的刺激固然有幫助，即使只知道有控制外來壓力刺激的可能也是好的。大老闆承受的壓力很大，大老闆祕書的壓力更大，因為大老闆有控制外來壓力的權力和可能，小祕書卻只能任人指揮、被動地承受外來壓力。

的確，在強大的壓力下，「只要我努力，就一定成功」這個信心，就是有主宰和控制能力的心理，也是減壓的一個方法。不過，這種心理有時也會適得其反，「我已全面掌握了情勢，卻因一時大意，整個案子就讓別人搶去」更會讓你懊悔，徒然增加壓力，還不如抱持「反正我也沒有能力做這個案子，拿不到就罷了」感到釋懷些。其實，預估外來壓力的發生，以及控制外來壓力的發生，二者很難清楚區分，因為有預估能力就會有控制能力，預估和控制相互為用，才更能發揮舒緩壓力效果。

如何面對壓力 —— 樂觀接受

當然，有些壓力還是不可避免的。面對壓力的一個重要原則就是樂觀接受，在已經固定的前提和大環境之下，努力做到最好。生老病死所造成的壓力，正是每個人都不可避免的，有

人能夠優雅成熟地步入老年，有人能夠勇敢面對長期痼疾的困擾。打麻將、做義工、爬玉山、附庸風雅、看看畫展、逛逛大賣場、打扮得漂亮一點兒給老伴看，傷腦筋的事就給年輕人處理。有人曾說：「用平靜的心情接受不能改變的事情，有勇氣改變可以改變的事情，有智慧分辨二者間的不同。」[1]也有人說：「強風中，讓我做根弱草；高牆前，讓我做股疾風。」在我們生命中，取捨進退，成敗得失，榮辱貴賤，都是自己選擇、自己面對的。

科學家曾做過一個實驗，讓白老鼠持續受輕微的電流刺激，一段時期後，白老鼠就會出現長期承受壓力的症狀。例如心跳加速，糖皮質激素的分泌增加，得到潰瘍的機率也增加。同樣的一群白老鼠，當牠們受電流刺激時，如果可以去吃點東西、喝點水，或者在轉輪上跑、咬嚼一片木頭，那麼得到潰瘍的機率會降低。這個實驗還有個有趣的地方，當白老鼠受到電流刺激的壓力時，讓牠們跑到籠子的另一邊找另外一隻白老鼠嬉鬧一番，也有舒緩壓力的效果。

找出適合自己的紓壓法

舒緩壓力的方法之一就是找一個發洩的管道。說到這裡，我們大概就恍然大悟了，在壓力下，有人拍桌子、摔椅子，有

人拚命吃零食、喝可樂，有人打老婆、罵助理，甚至找不認得的人麻煩，都是為了發洩壓力。比較好的發洩壓力管道是，做點或想點別的事情來轉移注意力。唱唱歌、看看電視，回想過去的快樂時光，甚至在腦子裡打場想像中的高爾夫球賽。

運動是個很好的發洩壓力管道，首先，運動有助減低壓力對心血管和新陳代謝的影響；其次，運動往往帶來舒暢的心情，醫學上的證據指出，常常運動，尤其是參與競賽性運動的選手，都比較樂觀外向，這和運動時分泌的某種荷爾蒙有關；再者，運動能帶來成就感；另外，身體對壓力的反應往往會是強烈的肌肉活動，運動正好取代了這種肌肉活動，也有助於壓力的舒緩。

儘管如此，運動減壓的功能也有其限度：

第一，運動對改善心情、降低壓力的效果僅限於運動後的幾個小時。第二，你必須喜愛運動，它才能為你帶來減壓的感受。實驗證明，讓白老鼠自願在轉輪上跑對牠們的健康有益，強迫牠們跑的話反而有害健康。第三，有氧運動（aerobic exercise）的效果比較好。有氧運動是指持續二十分鐘以上、比較不劇烈的運動，例如走路、騎腳踏車、游泳等，有氧運動的能量來源是消耗氧氣把身體裡儲存的糖原轉變成血糖。相反的是無氧運動（anaerobic exercise），例如舉重、肌肉訓練等

劇烈運動，這些運動只能持續三十秒到兩分鐘，能量來源也不相同。第四，運動必須長期、規律地進行，例如每週多少次、每次多少時間，千萬不要做過頭。第五，和運動一樣，持續規律地靜坐冥思，對紓解壓力也有幫助，可以降低糖皮質激素的分泌。

有助紓壓的第二個力量，是周圍的人所給予的心理支援。一個可以靠著盡情哭泣的肩膀，一隻伸出援助的手，一雙同情的耳朵，都會有很大的效果。動物學家曾經觀察到，把一隻受壓力衝擊的猩猩放在一群牠不認得的猩猩群裡，會讓牠對壓力的反應變得更糟。相反的，如果把牠放在一群熟識的猩猩群中，牠對壓力的反應會降低許多。人類也是如此。考試前、準備做一份重要業務報告時，有父母親、同僚在旁邊加油打氣，的確可以降低心血管系統對壓力的反應。醫學上的研究指出，長期過著孤獨生活的人，交感神經系統的活動比較高，容易引發高血壓、血小板凝結等與心臟有關的疾病。關懷、鼓勵、同情對紓解壓力的確有正面幫助。反過來說，在壓力衝擊之下，有些人在你身旁，例如老闆、狗仔隊、妒忌你的遠房親戚……都會增加你對壓力的反應。考試時，比兒子、女兒還緊張的爸爸、媽媽，往往是幫倒忙。醫學上的證據指出，婚姻對健康有益，但不美滿的婚姻卻又是壓力的來源。

提到心理上的支援，付出才是更有效的紓壓方法。幫助別人，往往就是幫助自己；換句話說，替別人緊張來取代自己的緊張，感受別人的壓力來代替自己要受的壓力，兩個人在壓力之下，抱頭痛哭，何嘗不是互相支持、互相安慰的好途徑呢？科學家發現，事先預估外來壓力的發生，也能改善身體對壓力調節的能力。兩群白老鼠都斷斷續續地受電流刺激，有群白老鼠在被電流刺激前會先收到一個警告鈴聲，這群白老鼠得到潰瘍的比例較低。另一個實驗是，在一小時內餵給兩群白老鼠同樣分量的食物，有一群是每隔固定時段就得到定量食物，另一群則是時間不定，食物的數量也不定。結果，後者糖皮質激素的分泌比較多，原因就是牠們對外來的刺激感到難以預期。

注釋

1. God, grant me the serenity to accept the things I cannot change, courage to change the things I can, and wisdom to know the difference.

　　　　　　　　　　　—— 美國神學家尼布爾（Reinhold Niebuhr）

2.4 科技的倫理

完美的追求

多好才叫好？多美才是完美？科技進步讓我們有更多不一樣的選擇，有關道德、倫理、責任的界線，卻是愈來愈模糊。

二○○七年八月，美國職業棒球大聯盟舊金山巨人隊的球員邦茲（Barry Bonds）擊出了職業棒球生涯中第七百五十六支全壘打，打破了一百多年歷史的美國職棒大聯盟紀錄，原來的紀錄保持人是阿倫（Hank Aaron）在一九七六年建立的七百五十五支全壘打，這是個不容易達到的里程碑。但是許多棒球迷，尤其是老一輩的傳統棒球迷，認為邦茲這個紀錄是有瑕疵的，因為邦茲曾經被懷疑使用可以增強肌肉發展、被大聯盟禁用的藥物類固醇，這些球迷認為他的紀錄不是完全來自「真正天生的實力」。同一年，在自行車的法國公開賽中，好幾個參賽選手都被取消資格，因為藥檢結果顯示他們使用了可以增強體耐力的被禁藥物。這兩個例子都是體育界經常遇到的情形──運動員使用藥物來提升競爭的體力。

讓我再舉兩個不同的例子。幾年前，美國一位失聰的女士，希望能有個失聰的兒子，費了好些氣力找到一位五代都是遺傳失聰的男子，請他捐贈精子，果然如她所預期，生下一個失聰的兒子。這件事引發很多負面反應，認為她不該刻意把生理缺陷傳給兒子。這位女士的回應是，失聰不必被認為是種缺陷，失聰的人生活在一起，是個緊密的結合，有自己的生活方式，何嘗不是一個美好的社會群體。

　　差不多在同時，美國最有名的幾個長春藤大學的學生報紙，登了一則廣告。有人願意用五萬美元的代價，徵求卵子的捐贈，捐贈者身高必須超過一百七十公分，有運動員的體格，沒有重大疾病的家族史，進大學 SAT 考試分數在一千四百分以上 —— 那是可以進哈佛大學的標準。許多看到這則廣告的人，都覺得這是可以認同、沒有太大的爭議。但這兩個例子的共同點在於父母親從遺傳的觀點，主動選擇自己要的下一代。

　　隨著醫學、生命科學和基因工程的發展，如今我們已經有足夠的資訊、藥品、工具和方法來影響生理和心理狀況，包括治療疾病，提升能力，控制監管和選擇預設的後果。面對科學所帶來前所未有、影響深遠的機會，怎麼做選擇，是非常複雜的社會、倫理、道德問題。

　　在不同的個案中，每個人都有自己的看法和選擇，我們不

能概括地站在一個極端，用純科學的觀點，追求所謂最完美的結果，何況，完美的定義往往是模糊、因人而異的。但是，我們也不能概括地站在另外一個極端，堅持一切順其自然，排除任何科學和技術的助力和干預。許多的決定和選擇，不可能被清晰地一分為二，是或者非，正確或者錯誤。許多過去做為決定和選擇的理由，今天已經不再存在；許多今天做為決定或選擇的理由，未來很可能會不被接受。我們得不斷地思考和調整。

治療生理機能上的疾病和障礙，與提升本來是健康正常的生理機能間的分界線，不再清晰明顯。其實治療疾病本來就是醫學、生命科學和基因工程研究發展的初衷，但這些藥品和技術可以應用到沒有疾病、健康的人身上嗎？醫學上已經開始發展一種合成的基因（synthetic gene），注射到白老鼠身上後，可以增強肌肉的發展，避免萎縮衰退，這種基因的發展目的是治療人體肌肉萎縮老化的疾病。但是，運動員是不是也可以使用這種基因治療法來增強肌肉呢？

大腦記憶和認知的研究，原始的目的是治療失智症（dementia），包括阿茲海默症（Alzheimer's disease）。但是，差不多十幾年以前，科學家已經知道如何改變果蠅的基因，增強牠記憶的能力，也成功在白老鼠身上植入和記憶有關

的基因備分，這些備分不但能夠增加白老鼠學習和記憶的能力，甚至可以等到年齡大、記憶力衰退時，才啟動使用。大家馬上就想到，若有了這種可治療記憶力喪失或衰退的藥物和方法，學生考試前背書，法官出庭前要把法律條文記住，生意人出國做生意前先把英文、法文複習一遍，只要吃一粒記憶力大補丸，就會有很大的助力。反過來說，在記憶力方面的研究，也可以消除過去例如戰爭、意外事故等悲慘的記憶。或許，仍深陷痛苦中的失戀情人，只要到超商買顆消除痛苦記憶的特效藥，就可以走出深淵。

再者，對發育遲緩的小孩，生長荷爾蒙可以促進身高發展。那麼，假如一個健康正常的小男孩，想長得像姚明那麼高去打 NBA，一個健康正常的小女孩，想做個高挑的模特兒，他們可不可以使用生長荷爾蒙呢？

綜合前面幾個例子，我們可以看到，現代醫學、生命科學和基因工程的發展，帶給我們幾個層次的可能性：第一，治療疾病，就是要恢復正常；第二，提升能力，那就是超越正常；第三，控制和選擇我們所要的，也許就是近乎完美吧！

醫學研究的目的，本來就是要治療疾病、救人活命。站在這個極端的立場，我們沒有其他的考量，盡其所能去治療一切病患。然而到了二十一世紀的今天，科學、社會、經濟各種因

素綜合起來，保健治療不再是個單純的議題。例如耗費龐大成本的新藥物、新儀器與新的治療方法，如何普及到貧困的國家和地區？如何有效率地評估提供移植的器官，杜絕不義的器官買賣？如何處理主動、被動地減少、甚至中斷對病人的治療，以至於安樂死的選擇、配合。誰能夠做這種決定？這類決定的醫學、倫理、社會、法律責任歸屬？都是與科學進步一同探討的課題。

能救命，也會害人

接著，讓我從用藥物來治療病人的疾病這個層次，轉到用藥物來提升健康正常人的能力這個層次。治療一個病人的疾病和提升一個健康正常人的能力，二者間的界線不一定非常清晰明確。因此，用醫治肌肉衰退的藥來幫助運動員發達肌肉，用生長荷爾蒙幫助小孩增高，用醫治阿茲海默症的基因移植方法增進記憶力，都還是有爭議的議題。不單是醫學上的問題，也牽涉到社會、倫理、道德的判斷。

反對將藥物用來提升健康者能力的原因之一，是這些治療的藥物和方法都可能有不良的副作用。有病的人不得不權衡輕重來使用，健康的人當然不應該使用。我們可以預期，沒有不良副作用的藥物一定會陸續出現，如何在正面的能力增長和負

面的不良副作用間做出取捨，每個人都可能有不同看法。

　　另一個反對的理由是，使用藥物來提升能力是違反自然的。在某些情形下，尤其是在運動競賽，更可能是不公平的。然而，這個說法有許多模糊的地方。高爾夫球界明星老虎伍茲（Tiger Woods）的視力非常弱，一九九九年，他接受角膜手術來改善視力，手術後，一連贏了五場比賽，沒有人埋怨這是不公平的。在一些運動項目裡，包括美式足球、舉重、相撲，運動員的體重是個重要因素，因此使用類固醇的藥物來增重是被禁止的。但是，猛吃牛排、漢堡、馬鈴薯和大米，何嘗不是有同樣的作用和目的呢？對長跑和騎腳踏車的運動員來說，因為紅血球有儲存氧氣的功能，增加血液中紅血球的濃度，有助增強持久的耐力。人體的腎臟會產生一種荷爾蒙叫「紅血球生成素」（erythropoietin，EPO），會刺激紅血球的成長，現在已經有人工合成的 EPO，注射到腎臟功能衰退的病人身上，能刺激紅血球的增加。對長跑和騎腳踏車的運動員來說，這是禁藥。可是，有些到高山地區訓練的運動員，因為當地空氣稀薄、氧氣比較少，他們體內的紅血球會因而增加，的確有不少長跑運動員會在比賽前到高地受訓。賣跑鞋的耐吉公司（Nike），特別設計了一個屋子，裡面的空氣氧氣含量較低，和高山的稀薄空氣相似，同樣可以促進紅血球的成長。那麼，

在這間屋子裡受訓的運動員是否違反了運動規則呢？

　　假如今天市面上有販售「聰明丸」、「記憶力大補帖」，也許有些家長會買給孩子吃，有些家長則會抱著保留的態度。但是，有多少家長對送孩子們上補習班、才藝班會有所保留呢？為了提升能力，什麼時候我們會想不可以違反自然，什麼時候我們又心安理得、積極努力地去勝過自然？

基因工程時代的倫理觀

　　近年來，醫學、生命科學和基因工程的進步，對人類身體和健康帶來許多幫助和影響。這些幫助和影響可以分成不同的層次：第一個層次是治療和補救，就是消除疾病，彌補缺失，回復正常；第二個層次是健康和能力的提升，就是從健康提升到更健康，從正常提升到超越尋常；第三個層次是控管、選擇，可以說是從嚴格出發，追求完美。

　　第一、第二個層次，可以說是後天的彌補和加強，第三個層次可以說是先天的設計。我們在前文討論過治療和提升這兩個層次，接著，我要再談控管、選擇這個層次。前面已經舉了幾個例子，包括有位失聰的女士，找到一位五代遺傳失聰的男子，做為精子的捐贈人，因為她希望有個也是失聰的孩子。也有人徵求卵子的捐贈人，列出捐贈人身高要超過一百七十公

分、外表要金髮藍眼睛、智力考試分數要能上哈佛等要求，這些都是從開始就做的先天選擇的例子。

接著我要講個不同的故事。二〇〇四年，美國德州一位女士的一隻貓活到十七歲時死了。十七歲的貓算是老貓了，貓的年齡和人的年齡有個很粗略的換算：一歲的貓等於十五歲的人，兩歲的貓等於二十歲的人，七歲的貓等於四十五歲的人，十歲的貓等於五十八歲的人，十五歲的貓等於七十八歲的人，二十歲的貓等於九十八歲的人了。

這位女士心愛的貓死了，她沒有隨便找另一隻貓取代，她找到在美國加州的一家基因科技公司，花了五萬美元的代價，幫她用原來老貓的基因複製了一隻完全一樣的小貓。這又是一個基因工程可以賦予我們選擇能力的例子。當然，其中有關道德、社會、經濟的問題相當複雜，也的確引起不少爭議。例如，為什麼花五萬美元去複製一隻貓，而不用這筆錢來照顧流浪貓？推而廣之，假如有一天複製人類的技術真的成熟了，那麼父母說要複製自己的子女所引起有關道德、社會、經濟的問題更會被放大，需要更多的討論和思考。這家基因科技公司最後因為生意不好，做不下去，在二〇〇六年就關門了。

另外一個例子，是父母親對嬰兒性別的選擇。遠從西元三百多年開始，就已經有許多口耳相傳的說法，增加生男或生女

的機率，但這些都沒有科學根據。直到三十幾年前，醫學界成功用體外受精的過程，孕育了一個健康的「試管嬰兒」。體外受精的過程是讓精子和卵子在母體外結合，兩、三天後，當受精卵從單一細胞分裂成六個至八個細胞的胚胎時，再把胚胎植回母體，讓胚胎在母體成長。因為胚胎是在母體外的試管裡結合形成，這就是「試管嬰兒」這個名詞的來源。

從醫學觀點來看，體外受精已經是個相當成熟的醫學過程，但從社會、倫理和經濟的觀點來看，當精子和卵子在試管裡結合成若干個胚胎後，只有其中的一個或幾個被選擇移植回母體，在這個選擇的過程中，嬰兒的性別、甚至其他生理上的缺陷和特徵，都可以被檢驗出來，然後再做選擇，這又是一個先天選擇的例子。

除了在體外受精的過程中，用篩選胚胎來選擇嬰兒的性別之外，還有一個更新的生醫技術，就是在體外受精的過程前篩選分離精子。因為帶 X 染色體的精子會生女嬰，帶 Y 染色體的精子會生男嬰。美國有個研究醫學中心，發明了一個篩選過程，把帶有 X 染色體和 Y 染色體的精子分離，帶有 X 染色體精子和帶有 Y 染色體的精子正常的分布是差不多相等的，透過篩選分離後，可以按照父母親的選擇，增加有 X 染色體的精子的比例，或者增加帶有 Y 染色體的精子的比例，因而增

加生女嬰或生男嬰的機率。這個技術可以將五○：五○的分布，改變到大約是八○：二○的分布。換句話說，這個精子篩選分離的技術，讓在體外受精的過程中，父母親有高達八○％的機會選擇嬰兒的性別。

另一個醫學科學帶來先天選擇能力的例子，牽涉到嚴重的道德和社會問題。有些國家如印度和中國，還是有重男輕女的傳統思想，加上強制執行一胎政策，以及經濟能力上的限制，使得女嬰出生後被殺害的悲慘事例屢見不鮮。現在的超音波技術可在孕期中就測出嬰兒性別，因為嬰兒性別而做人工流產的情況也比比皆是。今天的印度和中國，三十歲以下男性和女性的比例大約是一二○：一○○，這當然是人為選擇的結果。這個結果將大大改變社會結構，許多適婚年齡男性將找不到伴侶，接著而來的是外籍新娘、人口販賣等社會問題。

從這些例子可以看出，當醫學、生命科學和基因工程提供讓人類控管選擇的機會時，許多正面和負面的後果將不容易分析得清楚、看得透徹。

相信人定勝天？

說到這裡，我們先回過頭來看看十九世紀由高爾頓（Francis Galton）提出的「優生學」（eugenics）理論。高

爾頓是演化論創始者達爾文（Charles Darwin）的表兄弟。大家都知道，達爾文演化論的中心論點是「物競天擇，適者生存」，是說生物在大自然的環境中，彼此為生存而相互競爭，其中能夠適應這個環境的才能夠延續活下去，否則就會被自然淘汰。高騰受了演化論影響，用統計方法來研究人類的遺傳，他發現人類的智力、性格、身高、面貌、指紋都有遺傳性，就是俗語所講的「龍生龍，鳳生鳳，老鼠的兒子會打洞」。所以，高騰主張聰明、健康的男女應該相互通婚，為人類產生優秀後代。他說與其讓人類順其自然、盲目、緩慢地演變進化，不如有規劃、迅速地朝著改進人類品種的方向走。

十九世紀末、二十世紀初，優生學引起許多注意，也得到許多支持；但是，優生學正面地鼓勵優秀族群繁殖，不可避免地帶來負面的想法和做法：有缺陷的族群得不到鼓勵和幫助，甚至被法律或醫學手段強制禁止生育。二十世紀初，美國有二十九個州通過法令，對心智有缺陷的人，甚至囚犯、乞丐，都被強制不能生育後代。這種負面優生學的想法，在希特勒統治的納粹德國裡更是變本加厲，變成種族集體屠殺的藉口。幸好，到了今天，從優生學觀點負面地做強制性禁止的行為和政策，已經不再被社會接受。

那麼我們又如何看待從優生學觀點來建立鼓勵和誘導政

策？在一九八○年代，新加坡為了鼓勵教育水準高的男女交往結婚，政府特別為單身大學生安排電腦擇偶和交誼活動，用經濟的誘因鼓勵教育程度高的女性生小孩。另一方面，針對沒有受過高中教育、低收入的女性，如果她們自動接受結紮手術，就可以得到經濟上的資助，去買一幢低收入戶住的公寓。儘管這個政策是自願、自由的選擇，但還是引起若干質疑。最明顯的是用經濟誘因引導女性接受結紮手術，這和用法令強制相較，二者在道德上的分界並不清晰。其次，用社會共同資源鼓勵一個族群去做的選擇，是否等於對另一個族群漠視和歧視？

以「個人選擇」為名

當醫學、生命科學和基因科技，能幫助我們選擇下一代的性別、容貌、特徵、體力和智力時，我們是否還是同樣看到對優生學理念的正面看法，以及負面疑慮？雖然有人說，今天的醫學、生命科學和基因工程為我們提供的選擇，與過去不同的地方是「這些都是個人的選擇」。但是，個人自由的選擇並未排除有意或無意的壓力、誘導和誤導；個人自由的選擇並不代表平等的選擇機會，不受一個人或一個族群的政治、經濟背景的影響；個人自由的選擇也並不代表就是對別人、對社會完全獨立沒有影響的選擇。

最後，我們從很多例子看到，醫學、生命科學和基因工程為我們提供了更多可能，以便提升改進我們的生理和能力，提供了對我們下一代的生理和能力予以設計和選擇的可能。面對這些可能，一個概括的極端是盡量使用發揮這些科學技術，另一個極端則是完全排斥這些科學技術的使用。在兩個極端之間，我們怎樣選擇、如何決定呢？在剛才的討論裡，我們看到科學技術只不過是最原始的層面。在這個層面，我們考慮的是這些科學技術是否安全？是否有效？但是我們也看到，只從科學技術層面來談，恐怕是過分單純。相關的經濟、法律、道德、社會的層面，包括價格、公平、自由自主等都是相當複雜的，不像科學技術層面那麼容易判別好或不好，對或不對。

　　如果撇開現實層面的考量，從哲學觀點來看，優生學和基因工程帶給我們的是「人類自己的意志超越了自然的天賦，是人類自己的控制和監管超越了對自然敬畏的心懷，是改變自然超越了接受自然」，這是科學和技術的勝利。為什麼我們不能夠全面地接受這份成功和勝利呢？美國哈佛大學的一位教授桑德爾（Michael Sandel）的論點是，全面接受這份成功和勝利，會讓我們失去謙卑敬畏的心懷，讓我們對自己、對後代、對社會的責任變得更沉重；同時，會讓社會失去團結。因為每個人或每個族群，都難免使用科學技術為自己求好、為自己打

算。但是，反駁桑德爾論點的人會問，如果，把一切交託給命運而不必有自咎的危險，和讓我們掌握自由也必須負起適當的責任，在二者中做一個選擇，也許自由和責任是愈來愈多人會做的選擇。

PART 3

浩瀚的宇宙

3.1 天有多大

　　英文「universe」這個字來自拉丁文「universus」，中文「宇宙」這個詞可以說出自莊子的〈齊物論〉，這都可以定義為在「空間」上無邊無際，在「時間」上無始無終，包括了所有的「物質」和「能量」。這就帶來了兩個重要的問題：「宇宙是怎樣起源的？」和「宇宙有多大？」經過科學家多年來不斷地探索，可以說已經有了部分答案。但我們必須強調這些答案都是來自「觀察」的結果，因此我們所說的「宇宙」，只是「可觀測宇宙」（observable universe），顧名思義，宇宙裡是不是還有我們觀察不到的部分？這個問題到現在還沒有定論。為什麼宇宙可能有觀察不到的部分呢？這和在下面要講到的宇宙「大爆炸模型」有關。因為光的速度是固定的，如果一個物體以光的速度離開，我們就不能觀察到這個物體了。那麼，宇宙中有沒有物體以光的速度離開我們呢？這還是一個沒有完整答案的問題。

星系

宇宙是由星系（galaxy）所組成，星系是一群星受到重力的吸引而形成的，據目前的估計，宇宙裡有一千億個以上的星系。地球所在的星系叫做銀河星系（milky way galaxy），星系的直徑可能是 $10^{16} \sim 10^{18}$ 公里，我們所觀察到的宇宙的直徑約 10^{24} 公里。

星系中最重要的成員是恆星（star），大致來說，恆星是一團氫氣（hydrogen）和氦氣（helium），氫氣經過核融合反應（nuclear fusion）變成氦氣，經由物質能量的轉換，產生熱和光。銀河星系估計約有二千億顆恆星，直徑約 10^{18} 公里，其中離地球最近的就是太陽。自古以來，人類用肉眼就可以看到銀河星系裡的恆星，橫過天空，像條銀色的河流。

除了恆星外，星系中還有行星（planet）。行星的簡單定義，就是圍繞著恆星旋轉、自己不會發光發熱的天體。地球就是一顆圍繞著太陽旋轉的行星，除了地球外，遠古時代已經發現水星（Mercury）、金星（Venus）、火星（Mars）、木星（Jupiter）、土星（Saturn）等五個行星。到了十八、十九世紀，天文學家又發現了天王星和海王星，以及在一九三〇年發現的冥王星[2]。

除了大家都熟悉的八個行星外，還有幾十萬個小行星

（asteroid）和彗星（comet）。此外，圍繞著行星走的叫做衛星（satellite）。月亮是地球的一個衛星，火星有兩個小衛星，木星、土星等也有大大小小數十個衛星。

從地球講起

在遠古時代，人類觀察到太陽、月亮、星星的運行，嘗試做出一些解釋，產生了很多關於太陽、月亮、星球、季節、晝夜的神話，也帶來了星象學的研究。天文學（astronomy）和星象學（astrology）在古代是分不開的，二者都始於觀察太陽、月亮和其他天體的運行和相對位置。當大家觀察到，太陽和月亮的運行是四季、晝夜、潮水漲落的原因，直接影響到我們的生活時，就推而廣之，認為天體的運行也會影響我們的工作、作息、心情、運氣，星象學因而逐漸走向與符號語言、藝術、休閒有關的領域。

天文學已逐漸發展成為嚴謹的科學。在中國歷史上，東漢時代的張衡可說是最有名的天文學家，另一位是南北朝的數學家、天文學家祖沖之。至於西方，古希臘時代的哲學家和數學家，已經開始對天文做深入的研究和探討，其中很重要的一位是厄拉托西尼（Eratosthenes）。以時間點來說，厄拉托西尼比張衡早三百年左右。到了十五世紀，最重要的天文學家就是

哥白尼（Nicolaus Copernicus）。

　　至於星象學呢？在《三國演義》裡，孔明夜觀天象，看出曹操的氣數未盡，也看到關羽已經身亡；今天，我們有星星王子、唐國師為我們解惑、解憂。

地球是圓的

　　古希臘時代，「地球是圓的」這個觀念已經得到觀察上的驗證，而且被接受。當一艘船在海中向遠方行駛，我們先看不到船身，但可以看到船的桅杆，那是因為地球表面形狀是弧形的；月蝕時，也可以看到地球的陰影是圓的。東漢時代的天文學家張衡說過，天就是個大雞蛋，地就是中間的蛋黃，這也是「地球是圓的」的意思。十六世紀，葡萄牙航海家麥哲倫（Ferdinand Magellan）率領船隊，花了三年環繞地球一周，可以說是第一次用行動來驗證地球是圓的。

　　既然地球是個圓球，那麼這個圓有多大？西元前二百多年，古希臘的數學、天文學家厄拉托西尼找到一個簡單而巧妙的方法，把地球的圓周算出來。厄拉托西尼住在埃及南部的一個小城，他發現每年六月二十一日這天，太陽會從天空直照到井底的水，並且一根直立的竹竿不會有影子。換句話說，陽光從天上垂直地照到地面，真是日正當中、立竿不見影。

當厄拉托西尼觀察到這個現象時，他想到陽光是從很遠的地方平行照過來，假如地球是平的，那麼在別的地方，直立的竹竿也不會有影子；因為地球是圓的，在別的地方直立的竹竿就會有影子，而且從竹竿的長度和影子的長度，可以算出這個地方和原來的小城在地球的圓內之間的角度。厄拉托西尼量測到兩個結果：一是這兩個小城間的距離約九百公里，二是這兩個小城在圓弧上的角度是七‧二度。九百公里被七‧二度除，再乘以三百六十度，算出的地球圓周約是四萬五千公里。今天我們知道地球的圓周是四萬零一百公里，和厄拉托西尼算出來的誤差不到一〇％。

注釋

2. 一直以來，「行星」在天文學裡始終沒有一個公認的定義。自一九三〇年冥王星被發現後，天文學家陸續發現若干個與冥王星相似的天體，因此，二〇〇六年，經過若干討論和爭議，國際天文學聯盟為行星訂出了三個條件：第一，它必須繞著太陽走；第二，它有足夠的質量，因而有足夠的內在的重力吸引力，和外在的重力吸引達到平衡，保持球的形狀；第三，在運行的軌道附近，沒有別的天體在附近一起運行。冥王星因為違反了第三個條件而被除名。

3.2 距離的計算

　　知道地球是圓的，也估計出地球的圓周，那麼月亮呢？厄拉托西尼從觀察月蝕的過程，算出月亮的直徑。太陽照在地球上，當月亮繞到地球背後，走進地球的影子時，就是月蝕。從月蝕開始到月全蝕開始，這段時間和月球的直徑成正比；從月全蝕開始到月全蝕結束的這段時間，和地球的直徑成正比。厄拉托西尼觀察到，從月蝕開始到月全蝕開始的時間是月全蝕開始到月全蝕結束的四分之一，他估計月亮的直徑大約是地球直徑的四分之一。因為我們已經算出地球的直徑是它的圓周四萬公里被 π 除，所以月亮的直徑大概是一萬公里被 π 除，就是三千二百公里。

　　還有呢？當我們把手伸直，對著月亮看時，一個指甲就把整個月亮遮住，指甲長度大約是我們手臂長度的一％，按照幾何上相似三角形的觀念，月亮的直徑和月亮到地球的距離比例，正是指甲長度和手臂長度的比例。所以，月亮的直徑也是月亮到地球距離的一％。月亮的直徑是三千二百公里，所以月

亮到地球的距離是一百倍——三十二萬公里。

當我們知道月亮和地球的距離，按照簡單的幾何可以估計出地球到太陽的距離，那麼太陽的大小呢？日蝕是月亮走在太陽和地球之間，把太陽擋住，我們已經知道月亮的直徑、地球的直徑、月亮與地球間的距離，按照相似三角形的結果，就可以算出太陽和地球間的距離了。

星星的距離

接下來，我們問：「如何知道一顆星和地球間的距離？」一個觀念是，從這顆星的亮度來判斷，首先，一顆星有它真正的亮度，和在地球上觀測到的亮度，地球上觀測到的亮度是隨著它真正的亮度和地球距離的平方而衰減的。如果我們知道一顆星的真正亮度，那麼從地球觀測到的亮度就可以把距離算出來。但是，如何測定一顆星真正的亮度呢？這其中有很多有趣的學問。

首先，天文學家把天空分成八十八個區域，每個區域裡的星就是一個星座（constellation），每個星座都有名字，這八十八個星座裡大家最熟悉的就是，太陽經過天空時所通過的十二個星座，像獅子座、天蠍座、水瓶座等。這樣一說大家就明白，為什麼一年分成十二個星座期，就是每一年太陽

通過這十二個星座時所經歷的那段時間。在中國天文學裡，天文學家把天空分成三十一個區域：其中有三垣（紫微垣、太微垣和天市垣）；垣裡的星是終年都可以看到的，另外再加二十八宿。西方的十二星座和太陽在天空移動相關聯，中國的二十八宿和月亮在天空的移動相關聯。我要特別提其中一個星座，叫做「Cepheus」，中文翻成「仙王座」，其中的一顆星「δ-Cepheus」，中國天文學稱之為「造父」，「Cepheus」是希臘神話裡一個君王的名字，造父是中國周朝時代一個人的名字。

有些星的亮度是固定不變的，例如太陽；有些星的亮度會隨著時間改變，這些星叫做變星。十八世紀的一位年輕天文學家古德利克（John Goodricke），在觀察仙王座的一顆變星「造父」時，他發現亮度改變具有週期性，週期大約是五天又八小時。換句話說，造父星亮度的變化，每五天又八小時重複一次。以當時的望遠鏡技術來講，這是非常細微的觀察。隨後，天文學家陸續發現許多和造父相似的變星，亮度變化都呈週期性，這些星統稱為「造父變星」（Cepheid variable）。

美國哈佛天文臺的勒維特（Henrietta Leavitt）女士，花了很多時間，觀察許多造父變星亮度變化的週期，做了一個大膽而最後證明是對的假設。她找了二十五顆和地球距離大致一樣

的造父變星，只知道這些星和地球的距離差不多一樣，當這些星的光芒傳到地球時，它們真正的亮度是經過同樣距離的衰減，因此，我們在地球觀察到這些星彼此間亮度的相對比例，和這些星彼此間真正亮度的相對比例是一樣的。換句話說，對這些星而言，我們在地球上所測查到的亮度，和它們真正的亮度有一個共同的比例。

勒維特女士從這二十五顆造父變星的觀察，得到一個結論是，「一顆造父變星的真正亮度，和它的亮度變化的週期成正比」。換句話說，一顆造父變星亮度變化的週期愈長，真正的亮度愈大。勒維特女士的這個結論非常重要且有用，因為我們可以觀察到任何兩個造父變星的亮度變化的週期，從亮度變化的週期比例，算出真正的亮度比例。同時，我們也知道它們在地球上被觀察到的亮度比例；從這兩個比例，就可以算出這兩顆星和地球間的距離比例。

例如，有兩顆造父變星，亮度變化週期的比例是三：一，真實的亮度比例也是三：一。如果，它們在地球上觀察到的亮度比例也是三：一，那麼它們和地球的距離比例是一：一。也就是說，這兩顆星和地球的距離是一樣的。如果我們在地球上觀察到的亮度比例是三：一，但我們在地球上觀察到的亮度比例是十二：一，這是為什麼呢？因為，前面那顆造父變星離我

們比較近，後面那顆造父變星離我們比較遠，而且二者離地球的距離的比例是一：十二（$3 \times 2^2 = 12$）。這樣一來，天文學家就可以把每兩顆造父變星和地球間的距離比例算出來。但是，讓我強調這些都是比例而已。不過，當我們把這些比例算出來後，只要把一顆造父變星和地球的真實距離觀測出來，就可以按照這些比例算出其他造父變星和地球的距離了。

勒維特女士在一九一二年發表她的論文，一、兩年之內就有天文學家觀測出了某顆造父變星和地球的距離，有了這個結果，其他造父變星和地球的距離也就可以知道了。

那麼，其他的星呢？我們可以用它附近的已知造父變星和地球的距離，來做近似的估計。所以古德利克和勒維特的觀察結果，解決了測定距離這個問題。勒維特是位行事非常低調的天文學家。一九二四年，瑞典皇家學院的一位教授認為勒維特的研究結果非常重要，想要提名她為諾貝爾物理獎得主。當他寫信到哈佛天文臺蒐集資料時，才發現她已過世三年了。大家都知道，諾貝爾獎是不頒給過世的人。

3.3 太陽和地球

　　遠古時期，天文學中最重要的一個問題是，地球和太陽，誰是「宇宙」的中心（即使到了十五世紀，天文學家還以為太陽系就是整個宇宙）？大家看到太陽和地球相對地運轉，到底是誰繞著誰轉，其實不容易從觀察中下定論。

　　古希臘時代就有兩個不同的觀點，分別提出不同的理論和證據：一個是，以地球為中心，太陽、火星、水星等都繞著地球運轉；另一個是，我們已知的正確觀點，就是太陽是中心，地球、火星、水星都繞著太陽走。其實在十六世紀初哥白尼提出「太陽為中心」的論點前，多數人都相信「地球為中心」這個論點。

奧坎剃刀

　　在介紹哥白尼的「天體論」前，讓我再舉一個例子，來闡述觀察和理論間的關係。今天，我們都知道地球和火星都繞著太陽走，地球的軌道是比較小的圓，火星的軌道是外面比較大

的圓，因此當我們在地球往上看地球和火星的相對位置時，有時會看到火星在地球前面。但是，因為地球的軌道是個比較小的圓，過了一段時間，地球就會趕上去，火星反而落後在地球後面。這可以由地球和火星的軌道都是以太陽為中心的同心圓來換算，做出清楚的解析。但是，如果我們認為火星是繞著地球運轉的話，那麼火星走的不是圓形，而是一個相當複雜的軌道，才能夠解釋地球和火星相對位置忽前忽後的觀察結果。

這是科學上常遇到的情形：一個觀察結果可以用兩個不同的理論模型來解釋。到底哪個模型是對的呢？通常得等到有其他相同的觀察結果，才能夠下定論。

不過，在科學裡，一個有趣也經常有用的原則，叫做「奧坎剃刀」（Occam's razor）。這個原則是說，假如有兩個不同理論可以解釋一個現象的話，那麼比較簡單的會是正確的理論。在前面的例子，地球和火星的相對位置，用「太陽為中心」的同心圓軌跡模型來解釋比較簡單；用「地球為中心」的模型來解釋比較複雜，所以「太陽為中心」的模型是對的。奧坎是十四世紀的哲學家，剃刀就是要把多餘、不必要的東西刮除。

哥白尼、克卜勒和伽利略

到了十六世紀，波蘭天文學家哥白尼才真正奠定了「太陽

是宇宙中心」的模型。哥白尼一輩子只寫過一篇半論文，他在一五〇七年以書信方式寫了一篇二十頁、沒有印刷出版的論文，只在少數人之間流傳。在此論文裡，他提出「地球不是宇宙中心，宇宙中心是在太陽附近」這個論點。接著，他花了二十多年的工夫，把這篇論文擴充成二百多頁的一本書，這本書在他臨死前一天才印刷出來，送到他的病榻旁。

哥白尼的「太陽是宇宙中心」模型，是近代科學發展的最大貢獻之一。不過，論文發表後並未馬上被普遍接受。一個原因是，按照他的模型演算出來的結果，和觀察結果不完全吻合。約六十年後，德國天文學家克卜勒（Kepler）修正了哥白尼的模型，克卜勒指出，地球和其他行星運行的軌道不是圓的，而是橢圓。大家都知道圓有一個圓心，哥白尼假設太陽就在圓心的位置；橢圓則有兩個焦點，克卜勒指出太陽的位置是兩個焦點中之一。

因此，當地球在橢圓的軌道上運轉時，地球和太陽的距離不固定，是隨著軌道上不同的點而改變。還有，哥白尼的模型假設地球在軌道上運轉的速度是固定的，克卜勒則相信地球在軌道上運轉的速度並不固定。

哥白尼和克卜勒逐步推廣驗證了「太陽為中心」的模型。伽利略（Galileo）更進一步用望遠鏡觀察到符合太陽為中心的

模型。伽利略不是第一個發明望遠鏡的人，不過，他製作了很好的望遠鏡。當時，望遠鏡不但在軍事上很有價值，可以觀察敵人軍隊的布局和移動，對商人也很有用。當商人看到別人載著香料、布匹的船快進港時，他們會趕快先把手上貨物以較好的價錢賣掉。伽利略用他的望遠鏡，看到木星有四個小衛星，繞著木星旋轉——違反了「地球為中心」的模型所說，所有行星都是繞著地球轉。伽利略又用望遠鏡觀察金星明暗圓缺的變化，觀察結果和「太陽為中心」的模型完全符合。

總結來說，哥白尼、克卜勒、伽利略奠定了太陽系的正確模型。他們的研究工作一再印證「在科學上，實際和理論相輔相成、並駕齊驅，不僅是重要的研究方法，也是唯一的研究方法」。

我們都知道，地球繞著太陽轉叫做「公轉」，每公轉一圈就是一年。但是，地球除了繞著太陽公轉，地球也在自轉，每自轉一圈就是一天。地球面對太陽的那一半是白天，背對太陽的那一半則是夜晚。在地球繞著太陽公轉的平面上，地球自轉的軸心不與平面垂直，而是有二三‧四四度的傾斜，這個傾斜就是為什麼當北半球是夏天、南半球就是冬天的原因；因為這個傾斜，南北半球和太陽間的距離和角度不同；也因為這個傾斜，每年六月二十一日太陽會直接照在北回歸線上（tropic of cancer），每年的十二月二十一日會直照在南回歸線（tropic of capricorn）上。北回歸線在北緯二三·四四度，南回歸線在南緯二三·四四度。北回歸線通過臺灣，在西部通過嘉義縣，離水上鄉不遠，在東部通過花蓮縣，在玉里以北。

3.4 大爆炸開始理論

　　宇宙的模型是什麼？宇宙有沒有一個開始？有人說，二十世紀科學史上最重大的成就，就是建立了一個目前大家都認為正確的宇宙模型，就是「大爆炸模型」。這是一個合理又美麗的模型，可以解釋所有天體的來源及其運轉的情形。

　　「大爆炸」（Big bang）這個名詞，並不是說宇宙開始的時候，真有個什麼樣的爆炸；「bang」這個字有突然而來的意思。依照大爆炸模型，宇宙是有個起點的，大約在一百三十七億年前，那時的宇宙是一團溫度大約幾兆度（太陽中心溫度的十萬倍）、壓力非常大、能量密度也非常大的粒子，這些粒子包括夸克（quark）、膠子（gluon）、電子（electron）、光子（photon）等。這些粒子和其他的粒子，在高速之下互相碰撞，產生新的粒子，包括質子（proton）和中子（neutron），宇宙向外膨脹，溫度也降低了。這些現象都是在從零到萬萬分之一秒、千萬分之一秒內發生和演變，幾分鐘後，溫度已經降低一千倍，到達大概十億度。

有人會問：「這個大爆炸模型是怎麼來的？」當然，這絕不是一個幻想出來的模型，而是許多天文學家觀測和演算得來的結果。接著，我將其中精彩的要點一一道來。

愛因斯坦也會犯錯

大爆炸模型的理論基礎源自於相對論。一九〇五年，愛因斯坦（Albert Einstein）發表的「特殊相對論」和一九一六年發表「廣義相對論」，是物理學中一大革命。當物體移動速度遠低於光的速度，和物體質量遠低於天體的龐大質量時，古典物理學結果的精確度是可以接受的；但是，當物體的速度和質量都很大時，古典物理學的結果就不準確了。

愛因斯坦的「萬有引力」（Gravitational force）理論，比原來牛頓的理論要準確，當愛因斯坦用他的理論計算水星運行的軌道，以及計算星光從遠方射來、經過太陽附近時被扭曲的程度，都已經得到實地觀測的驗證。因此，愛因斯坦也用他的萬有引力公式，去計算整個宇宙的運行。

愛因斯坦和其他天文學家都有一個假設：宇宙是均勻一致的，每個方向的結構都是均勻、無向的，這個假設也逐漸得到觀察的結果支持。然而，當愛因斯坦用廣義相對論的方程式去計算天體的相對位置和運行情形時，計算的結果說：因為天體

彼此間重力的互相吸引，最後所有的天體會聚在一起，整個宇宙就崩潰垮臺了，這也是牛頓力學演算出來的結果。當然，這不是愛因斯坦預期和願意接受的結果。

愛因斯坦心目中的宇宙模型，是個靜止的模型，宇宙會平衡、永存地運轉，但這不是他的公式計算出來的結果。因此，他在公式裡加上一個常數，叫做「宇宙常數」（cosmological constant），這樣計算的結果就是一個平衡、永恆的模型。只是，這個常數是無中生有，為了達到預期的模型而硬拗出來的假設，他花了許多力氣去計算、調整。多年以後，他承認這是自己研究生涯錯誤的一大步。

一九二〇年代，俄國數學家弗里德曼（Alexander Friedman）提出一個「宇宙不是靜止，而是不斷在膨脹」的模型。從物理的觀點來看，因為宇宙不斷在膨脹，可以和天體間的重力吸引相抵消；從數學的觀點來看，引用愛因斯坦在廣義相對論裡的公式，就不需要加上一個連愛因斯坦都認為醜陋的常數了。

不過，愛因斯坦不同意弗里德曼的結果，先說弗里德曼的數學是錯的，後來又改口說他的數學是對的，但缺乏物理依據，弗里德曼後來寂寂無名地因為一場大病去世了。

幾年後，比利時的天文學家勒梅特（Georges Lemaitre），在不知道弗里德曼研究結果的情況下，獨立建立了「宇宙是不

斷膨脹」的模型。而且，在他的模型裡，宇宙有個起始點，從這個起點開始，宇宙不斷膨脹和進化。勒梅特的模型，可以說是大爆炸模型的開端。接下來，陸陸續續許多天文學家研究的結果，多朝著支持「膨脹的宇宙模型」方向走。

膨脹宇宙模型

「膨脹宇宙模型」是根據愛因斯坦的廣義相對論導引出來的，這些理論得來的結果，該如何從觀測去驗證呢？

前面已經說過，從星光中可以算出一顆星和地球的距離，其實，還能得到許多重要資料。例如，我們可以從一顆星發出的光，算出這顆星的表面溫度。其實「光」是個籠統的名詞，一顆星會發射出波長不同的電磁波，波長在四百奈米到七百奈米間的電磁波，是可見光；紅光的波長大約是七百奈米，然後依紅、橙、黃、綠、藍、靛、紫排序遞減；紫光波長約四百奈米，波長比四百奈米小的電磁波稱為紫外線；波長比七百奈米大的電磁波，稱為紅外線。

當我們接收到從一顆星發射出的電磁波時，可以分析不同波長電磁波的分布。表面溫度比較高的星，發射出的電磁波會集中在波長四百奈米的紫色光附近；表面溫度比較低的星，發射出的電磁波會集中在波長比較高、接近紅色的附近。天文學

家已有足夠的經驗和數據，從一顆星發出不同電磁波的波長，來判斷這顆星的表面溫度。

　　還有，我們可以從一顆星發出來的光，決定這顆星的化學成分。前面提過，可見光含有波長不同、也就是顏色不同（紅橙黃綠藍靛紫）的光，這就叫做可見光的「光譜」。十九世紀的化學家發現，當他們把可見光照在一個化學元素上面，依照這個化學元素的原子結構，光譜裡部分的光波會被吸收，而且不同的元素會吸收不同光波，這個特性可以稱為每個「化學元素的指紋」。大家馬上會了解，這是鑑定物質化學成分很好的辦法。只要我們把可見光照在這個物質上，分析被吸收的光波，就可以判斷這個物質所含的化學元素了。十九世紀的天文學家，已經知道如何從分析太陽光光譜，判斷太陽所含的化學元素。

　　還有，從一顆星發出來的光，我們可以判斷它是不是在移動、往哪個方向移動，以及移動的速度。當你站在火車站，火車進站朝著你迎面開過來時，火車笛聲聽起來比較尖銳；當火車出站離開時，笛聲聽起來比較低沉。其實，火車發出的笛聲是固定的，用物理的術語來說，火車發出的聲波波長是固定的，但當火車朝著我們來時，耳朵收到的波長會減少，所以聲音變得比較尖銳；當火車離開時，耳朵收到的波長會增

加，聲音會變得比較低沉。聲波波長的增加和減小，和火車移動的速度有直接關係，物理學稱為「都卜勒效應」（Doppler effect）。聲波是如此，光波也是如此。

遠在十九世紀，天文學家已經發現太陽光的光譜和天狼星的光譜大致一樣，表示二者所含的化學元素大致相同。但是，天狼星光譜裡的光波波長，都比太陽光譜裡相對應的光波波長長一點點，這就表示天狼星在移動，朝著離開地球的方向往外走。而且，從波長增加了多少，可以算出天狼星往外移動的速度。

一九二九年，美國天文學家哈伯（Edwin Powell Hubble），觀察了四十六個星系，從它們光譜的波長變化，確定這些星系都朝著離開地球的方向往外移動。依照觀察的結果，他定下一個很重要的結論：離地球愈遠的星系，往外移動的速度愈大，而且與它們的移動速度和地球的距離成正比。哈伯的結論，正是支持大爆炸模型的重要依據。首先，他證實了宇宙在膨脹，而且膨脹的速度不斷增加。如果讓時光倒流，朝著反方向走，宇宙膨脹的速度就是不斷減小。所以，在過去某個時間點，所有天體都聚合在一起，速度是零，這就是大爆炸模型裡的宇宙起點。按照哈伯起初的計算，這個起點是十八億年以前，目前最精確的計算結果是一百三十七億年前。

哈伯在天文學上的貢獻非常偉大，他曾不斷努力地希望諾貝爾獎的委員將天文學納入物理學中，讓天文學家也有機會得到諾貝爾物理獎。直到一九五三年，他逝世後的幾個月，諾貝爾獎委員會才同意將天文學納入物理學。可惜，諾貝爾獎不頒給已經過世的人。

宇宙物質如何形成？

一個重要的問題是，如何依照大爆炸模型解釋宇宙中物質的形成。我們在前面已經講過大爆炸發生時，夸克、膠子、電子、光子等在高速之下互相碰撞，產生了新的粒子，包括質子和中子。接下來，質子和中子結合成為原子核。等到幾十萬年後，原子核和電子合起來成為原子。

原子核形成的三部曲：一九四八年，物理學家伽莫夫（George Gamow）和他的學生阿爾菲（Ralph Alpher）計算出來在大爆炸開始後很短時間內形成了質子，也就是氫的原子核，接下來一個質子加上一個中子形成重氫，那是氫的一個同位素的原子核，再由兩個質子加上兩個中子形成氦的原子核。再經過幾十萬年後，氫原子核和電子合起來形成了氫原子。同時，他們也正確地算出宇宙中氫原子和氦原子的比例為十比一。

但是，他們沒有找出別的原子是如何形成的解釋。對一個外行人來說，一個氦原子核有兩個質子、兩個中子，一個碳原子核有六個質子、六個中子，所以三個氦原子核就可以合成一個碳原子核。但是，從物理的觀點來看，在什麼條件中這個合成才會發生，是件非常複雜的事。大爆炸之後，宇宙迅速膨脹，溫度也迅速下降，除了氫、氦、小量的鋰和鈹之外，沒有適當的物理條件足以讓別的原子核被合成並產生出來。

　　一九五〇年代，英國天文學家霍伊爾（Fred Hoyle）想出一個可能的答案。當時，他在美國加州理工學院訪問，找了福勒（William Fowler）教授，幫他做實驗來驗證。結果，不但霍伊爾的想法是對的，福勒也從這個地方開始，找出宇宙中別的原子形成的物理過程。福勒在一九八三年得到諾貝爾物理獎，伽莫夫、阿爾菲、霍伊爾卻全都落空。

　　霍伊爾、福勒和伯比奇夫婦（Geoffrey Burbidge, Margaret Burbidge）四人在一九五七年一篇重要論文裡指出，恆星核合成（stelar nucleosynthesis）的過程會產生其他元素的原子核。簡單地說，宇宙從一團氫元素開始聚合成恆星，恆星內部強大的重力壓力把氫核子融合成氦核子，這個過程會讓恆星開始燃燒，當恆星裡的氫核子燒完之後，氦核子開始燃燒，並在燃燒過程中產生其他原子核，例如碳和氧的原子核。接著，這些原

子核也開始燃燒並產生其他原子序更高的原子核。

　　一個最簡單也是最重要的例子是在大爆炸時，由兩個氦原子核合成的鈹的同位素非常不穩定，和第三個氦原子核成為碳原子核的機率是微乎其微，但在恆星燃燒的高溫和高壓環境之下，合成出含有六個質子的碳原子核的機率增加、變得有可能了。接下來，一個碳原子核和一個氦原子核，合成為一個擁有八個質子的氧原子核。總之，在這篇文章裡，他們追蹤了恆星內部的燃燒過程所引起的原子核融合，解釋了從氫到鐵為止的各種元素，各自的原子核形成過程。

　　那麼其他的元素呢？鐵的原子核有二十六個質子，因此把任何元素合成為鐵的原子核都非常消耗能量，一顆恆星燃燒到合成出鐵的原子核，能量幾乎消耗殆盡，同時由於缺乏能量保持完整的體積，能量耗盡的恆星會因為自身強大的重力產生坍陷，坍陷的反作用力更引起恆星向外爆炸。在爆炸的過程中，會引起原子核的融合，也就是爆發核合成（explosive nucleosynthesis）。而原子序二十七的鈷到九十二的鈾的原子核，就經由這個過程產生出來。

　　有了原子核和電子結合起來就成為元素的原子。元素形成之後，因為電子帶有負電荷，質子帶有正電荷，經由電磁吸引，兩個或多個原子會結合起來，成為一個分子。

宇宙微波背景輻射

此外，伽莫夫和阿爾菲還與另一個諾貝爾獎擦身而過。一九六〇年初期，美國貝爾電話實驗室的兩位無線電天文學家彭齊亞斯（Arno Penzias）和威爾森（Robert Wilson），用大型天線來搜尋銀河系發出來的訊號。搜尋過程中，他們發現有個雜音，經過一年多的嘗試，仍然沒有辦法找到雜音的來源。這個雜音的波長大約是一公厘，是光波波長的一千倍。

在偶然的情形下，他們聽到兩位普林斯頓大學教授迪克（Robert Dicke）和皮博斯（James Peebles）在研究大爆炸模型，按照他們的計算，宇宙剛開始時，因為溫度和壓力都很高，質子、電子、光子都在浮游碰撞，即使一個質子和一個電子碰撞合成一個氫原子，也會馬上被一個光子撞開。

到了三十萬年後，宇宙的溫度降低到攝氏三千度左右，光子不再影響質子和電子結合成一個氫原子，而發射出來成為瀰漫整個宇宙的光，這就叫做「原始之光」（primordial light，又稱創世之光），波長約千分之一公厘。從那個時候開始，因為宇宙大概膨脹了一千倍，這個瀰漫整個宇宙的電磁波波長變成大約一公厘。迪克和皮博斯指出，如果我們真能找到這個瀰漫整個宇宙的「宇宙微波背景輻射」（cosmic microwave background radiation，CMB radiation）的話，那就是大爆炸模

型非常重要的證據了。當迪克和皮博斯正要開始設計一個儀器去尋找宇宙微波背景輻射時，在離普林斯頓大學不遠的貝爾實驗室裡的彭齊亞斯和威爾森打電話告訴迪克，他們已經找到了，差點把迪克氣死。

一九六五年，彭齊亞斯和威爾森的團隊、迪克和皮博斯團隊，同在一本天文物理學期刊各自發表了一篇論文，描述他們的研究成果。彭齊亞斯和威爾森的論文只有六百字，在一九七八年獲得了諾貝爾獎。忿忿不平的除了迪克和皮博斯之外，還有前面講過的伽莫夫、阿爾菲，以及他們的研究夥伴赫爾曼（Robert Herman），其實他們早在一九四八年就預先指出宇宙微波背景輻射的存在。大家只知道彭齊亞斯和威爾森，也提到迪克和皮博斯的結果，卻沒有人講到伽莫夫、阿爾菲和赫爾曼最初的貢獻。過去的三、四十年，天文學家還一直用飛機、人造衛星對宇宙微波背景輻射做詳細的量度和分析。

當彭齊亞斯和威爾森在一九六四年發現了宇宙微波背景輻射時，有人問伽莫夫，這是不是正是他在一九四八年預測的？他說：「不久以前，我在這附近遺失了一個銅板，今天有人在我遺失銅板的地方找到一個銅板，因為所有的銅板都一樣。是的，我相信那是我的銅板。」阿爾菲和赫爾曼也說：「雖然有人說科學研究的目的在追求真理，是誰把真理找到的不是那麼

重要。不過我們也的確看到了講這些話的人，當他們獲得獎項和學術榮譽時，是何等快樂、開心和驕傲！」

3.5 尋找外星人

首先，「外星人」只是比較通俗的名詞，嚴格地說，是地球以外「有智慧能力的生命」（extra-terrestrial intelligence）。「在太空外，有沒有外星人存在？」應該是每個人都曾經有的疑惑。究竟，外星人是根本不存在呢？還是真有外星人，只不過我們沒看到？

有關「外星人是否存在」這個問題，有以下三種不同的回應，讓我逐一來談。

第一個回應是，「不一定吧?! 假如他們真的存在，為什麼我們還沒有看到呢？」這個回應源自二十世紀鼎鼎有名的物理學家費米（Enrico Fermi）。一九五〇年，當費米和同僚談到外星人存在與否這個問題時，費米的回應是：「外星人在哪裡？」（Where is everybody?）表面上費米的回應可以解釋為「我不相信外星人存在」，但從客觀的科學觀點來解釋，費米的回應是：「既然你說按照科學數據的分析估計，宇宙間應該有外星人存在，而且，照今天科學和技術上的成就來估計，我

們可以想像得到外星人會有來到地球探訪的能力,那麼,如何解釋為什麼我們到現在還沒有看到一個外星人呢?」這個說法就叫做「費米悖論」(Fermi's paradox),意即外星人是根本不存在呢?還是真有外星人,只不過我們沒看到而已?

第二個回應是,「他們是可能存在的,我們應該想辦法去聯繫他們,和他們交換訊息」。一九五九年,兩位天文物理學家科可尼(Giuseppe Cocconi)和莫里森(Philip Morrison),提出「外星人存在」的可能想法,並具體建議了偵測外星人發出的訊號的做法。

第三個回應是,「宇宙這麼大,歷史這麼悠久,按照若干數據的分析估計,外星人、外星文明應該存在」。這個想法的基本論點可以用一個例子來說明,假如我們讓一大群、很大很大一群猴子在電腦上敲敲打打,總有隻猴子會敲出一套莎士比亞全集,還有一隻猴子會敲出一套唐詩三百首。宇宙的歷史大概是一百三十七億年,光是銀河系就有約二千億顆恆星,宇宙有一千億座以上的星系,這些都是龐大得難以想像的數字。一九六一年,美國天文學家德雷克(Frank Drake)提出一個方程式,用來估計銀河裡外星文明的數字,就是有名的「德雷克方程式」(Drake equation)。

接下來,讓我們逐一討論這三個觀點。

費米悖論

讓我們先從費米悖論來問：「外星人是否存在？」要回答費米悖論，有兩個解套的可能：其一是找出足夠理由論證，說明外星人是不可能存在的；其二則是相信外星人存在。

讓我們來細看為什麼外星人不可能存在？一個解釋是，人類是宇宙中最原始的生命，因此得等人類逐漸演進後，別的星球上才會有外星人出現。但是，單在銀河系裡就有許多遠比太陽更老的恆星，這些恆星在一百萬年前已經存在，那麼在這些恆星上的技術和文明的發展，應該比我們早了一百萬年。還有一個解釋是，太陽和地球間天體運行的關係，地球和月亮間潮汐漲退的關係，水和其他化學元素的存在，都相當獨特，因此地球可能是唯一或非常少數的地方，有適當的環境讓生命孕育進化。另外一個解釋是，智慧、語言、科學和技術的發展，不一定是生命孕育進化中的必然現象。因此，人類也許是唯一循著目前文明發展的軌跡走過來的有智慧能力的生物。不過，也有科學家認為，這些理由並不充分。

費米悖論另一個解套的可能是：外星人是存在的，這又有兩個可能：一個可能是或許他們留下痕跡，我們沒有看到，或許看到了，卻不願意承認這是外星人留下來的痕跡；另一個可能是，他們還沒有和我們聯絡上。自古以來，人類都在天

空看到來路不明的飛行物體,簡稱為 UFO(unidentified flying object)。《舊約聖經》以西結書的第一章,描寫以西結聽到上帝的話,看到一朵周圍有光輝的雲,其中有一臺由四個輪子和四個動物支撐的車子。中國宋代科學家和政治家沈括於《夢溪筆談》第二十一卷描寫在揚州地方,看到天上一個有半張床那麼大的外殼,打開後,裡面有一顆珠,「殼中白光如銀……爛然不可正視……其行如飛;浮於波中。」十五世紀哥倫布駕船橫越大西洋時,也看到遠處閃閃有光的一個物體。

到了近代,世界各地常有人說看到飛碟、來路不明的飛行物體,甚至有人看到外星人在天空上、在玉米田裡寫的大字,這些都是外星人存在的痕跡。有一個說法是,人類就是外星人的後裔,那麼我們的老祖宗在什麼地方呢?還有一說法是,外星人把我們全部監禁在地球,就像動物園一樣,不讓我們和他們有接觸。

費米悖論的另一個解套是,外星人是存在的,只是到目前為止,他們還沒有和我們聯絡上而已。為什麼還沒聯絡上呢?是不是因為時空的距離,使得他們送出的訊號或太空探索的工具還沒有抵達?這似乎不太可能,因為宇宙已經有將近一百四十億年的歷史。那麼,是他們不想和別人聯絡溝通嗎?太空中數以百萬的不同文明,總有些想對外聯絡溝通吧?還是因為他

們想盡量低調、避免外來侵擾的危險呢？那麼為什麼這些侵擾不來傷害我們？是不是因為我們聽不懂他們送出來的訊號？這就把我們帶到接下來要談的，一九五九年，科可尼和莫里森提出的偵測外星人發出的無線電訊號的想法。

經典中的經典

假如真有外星文明存在，我們該如何證明他們的存在，進而和他們聯絡溝通呢？一九五九年，科可尼和莫里森發表了一篇被稱為「經典中的經典」的論文。他們認為，在一個高度文明社會裡的外星人，一定會送出些訊號，透過這些訊號和其他文明社會接觸。這些訊號會是什麼樣子呢？從傳送速度和傳送的集中性來考量，他們會選擇電磁波；若從電磁波在太空及地球表面的衰減來考量，他們會選擇的電磁波頻率一定不低於一百萬赫（megahertz）、不高於三百億赫。只是，在這麼大的一個範圍裡，他們會選哪個頻率呢？

會不會是一四二〇·四百萬赫？在天文學裡這是個很重要的頻率，這個頻率換算成波長，按照波長等於光速被頻率除的公式是二十一公分。這個頻率是從哪裡來的呢？大家都知道，一個氫原子有一個電子繞著一個質子在轉，而且電子和質子都有他們的自旋，當電子和質子的自旋方向一致時，氫原子的能

量比較高；當電子和質子的自旋方向相反時，氫原子的能量比較低。如果，氫原子從能量比較高的狀態跳到能量比較低的狀態時，這個能量的差異就會產生一個頻率為一四二〇‧四百萬赫的輻射。

氫原子在能量較高和較低的狀態間跳來跳去是可能的，不過機率非常非常低。但太空中九〇％的物質是氫原子，所以氫原子非常多，一起加起來，我們在地球上的確可以偵測到頻率為一四二〇‧四百萬赫的輻射。天文學家在一九四〇年代發現這個現象，到一九五〇年用實驗確切證實了這個現象。科可尼和莫里森想，這是宇宙中大家都知道的一個頻率，外星人很可能就用這個頻率的電磁波來傳遞訊號。另外，在太空中這個頻率的背景雜音也比較少。

但是，還有個問題得回答。如果我們用無線電望遠鏡在太空尋找一四二〇‧四百萬赫的訊號，茫茫太空，無線電望遠鏡該指向哪個方向？科可尼和莫里森認為應該先從離地球不遠的星球裡找，所謂不遠，至少也有十五光年。在這個距離內，他們認為有七顆光度、壽命都和太陽差不多的星球，上面都可能會有生命，包括了「Tau Ceti」（中國天文學上鯨魚星座裡的天倉五）和「Epsilon Eridani」（中國天文學上的波江座裡的天苑四），可以做為搜索的目標。

中西研究不謀而合

　　總而言之，科可尼和莫里森的論文，不但指出外星人文明存在的可能，還具體規劃出一個搜索的行動方案，這篇論文為之後五十年尋找外星文明的工作開了先河。論文的結尾，他們說：「也許有人把我們的論述看成無稽的科幻小說，但這些論述和目前天文學上的知識是一致的。雖然，我們無法知道按照這些說法去尋找外星文明送來訊號的成功機率，但是我們知道，如果不去尋找，成功的機率一定是零。」

　　同樣在一九五九年，在美國從事研究工作的華裔天文學家黃授書發表了一篇論文，指出宇宙中生命發生的可能。他也認為，在地球附近的鯨魚座天倉五和波江座天苑四，有支持生命的條件和可能，這個結果和科可尼和莫里森的結果相吻合。黃授書是位相當有名的天文學家，他和楊振寧是西南聯大物理系的同班同學，也同時於一九四七年公費赴美留學。

　　從科可尼和莫里森的論文開始，在過去五十年，各國政府——特別是軍方和私人機構投入很多資源，從事外星人搜索工作。在無線電通訊方面，也積極建構更強大有力的無線電望遠鏡，製作更精密的測試儀器。除了無線電通訊外，也探索光通訊的可能。更有人提出，為什麼不乾脆把一個實體的探索器送到太空？當然，這些努力，都還沒有得到確實、具體的結果。

針對尋找外星文明的工作，也有人持不同看法。撇開不談外星文明根本不存在的可能性，另一個問題是，外星人為什麼想把訊號傳到外面呢？無目的傳送是個有意義的科學行為嗎？何況，即使兩個文明成功地相互交換訊號，往返時間也在一千年、一萬年以上。還有，過去五十年來，我們在地球上的工作始終集中在聆聽、尋找，只接收、不傳送，外星人也很難知道我們的存在。

　　一個比較深入的觀點是，也許保持沉默，只接收、不傳送，是宇宙文明的共同心態。況且，外星人文明是善良或邪惡，我們無從得知，如果彼此聯絡上後，萬一他們要來征服、毀滅我們，該怎麼辦？所以有人建議，任何一個要傳送到太空外的訊息，必須先經過聯合國全體大會的通過批准。至於從外星傳遞來的訊號，可能含有電腦病毒，可能把我們所有的電腦全部毀壞。由此來看，保持沉默，或許是個應該遵守的政策。

德雷克方程式

　　有關「外星人是否存在」這個問題，第三個可能的回應是：天文學家德雷克在一九六一年提出一個方程式，讓人們用來估計宇宙中大概有多少個可能與我們聯繫的外星文明。

　　假如我問：「新竹市有沒有年齡、性別、身高、體重都

和我一樣的人？」可以用一個很簡單的方法來估計這個問題。首先，在新竹市有二分之一的人是男性，這些人裡，他們的年齡可能是一歲、二歲、三歲……一百歲，所以有百分之一的人年齡和我一樣是八十六歲；這些人裡，身高可能從一五〇公分到一九〇公分，中間有四十公分的範圍，所以有四十分之一的人身高是一七九公分，和我一樣；這些人裡，他們的體重可能從四十公斤到九十公斤，中間有五十公斤的範圍，所以有五十分之一的人體重和我一樣是七十三公斤，

$$\frac{1}{2} \times \frac{1}{100} \times \frac{1}{40} \times \frac{1}{50} = \frac{1}{400,000} \text{。}$$

換句話說，每四十萬個人裡，應該會有一個人年齡、性別、身高、體重都和我一樣。假設新竹市有八十萬人，八十萬的四十萬分之一等於二，就是說新竹市可能有兩個人的年齡、性別、身高、體重都和我一樣。假如我再問：「新竹市有沒有年齡、性別、身高、體重和生日都和我一樣呢？」因為一年有三百六十五天，所以四十萬分之一還得乘三百六十五分之一，等於一億四千六百萬分之一。這個結果，不但在新竹、整個臺灣都不一定有這麼一個人。不過全世界有六十六億人，六十六億乘以一億四千六百萬分之一等於四十五，就是說全世界可能有四十五個人的年齡、性別、身高、體重、生日都和我一樣。德雷克方程式的思路與上面這個例子完全一樣。我們可以用這

個方程式來估計，宇宙中大概有多少個可能和我們聯繫的外星文明。

生命所在的可能

首先，德雷克把估算範圍縮小至地球所在的銀河系。我們在前面說過，宇宙中有一千億個以上的星系，一個星系中，可能有多到一兆或幾千億顆星，也可能少至幾百億顆、幾千萬顆星。

地球所在的銀河系中大約有二千億顆星，按照光度可以分成 O、B、A、F、G、K、M 七類。其中 O 型和 B 型的星溫度最高，發出藍光；A 型和 F 型的星溫度比較低，發白光；G 型的星發黃光，太陽正是 G 型的星；K 型的星發橙光；M 型的星發紅光，溫度都比太陽低。我們相信，外星文明比較可能存在和太陽系統相似的 G 型星系裡。銀河星系中，大約有五％的星是 G 型星，二千億顆星的五％大約是一百億左右。

在太陽系裡，太陽是恆星，繞著太陽走的行星有水星、金星、地球、火星、木星、土星、天王星（Uranus）、海王星（Neptune）等八顆行星。太陽系的形成大約在四十六億年前，太空中一大團的分子雲（molecular cloud），因為重力吸引被壓縮，旋轉速度增加，溫度升高到幾百萬度，而引起了核

子反應，形成了發光發熱的恆星，就是太陽，因為太陽表面的溫度高達五千度，生命不會在太陽上存在，所以我們認為生命只可能在行星上存在，那麼一個重要的問題是，「整個銀河系裡，有多少顆行星？」多年以來，天文學家根本不知道除了太陽系裡的八顆行星外，別的恆星有沒有行星？直到一九九五年，兩位瑞士天文學家首先發現飛馬座（Pegasus）裡的恆星「飛馬座51」（51 Pegasus）有一顆行星。他們的發現是個開始，截至目前，天文學家已經發現太陽系裡約五百個行星了。

都卜勒效應

有人會問，飛馬座51距離地球約五十光年。在望遠鏡裡光是看得到它已經不容易了，加上它放出的光會遮蓋住繞著它轉的行星，怎麼還能看到那些行星呢？按照「都卜勒效應」，當我們量測一個光源的波長時，如果光源朝我們走來，量測到的波長會減少；如果光源離開我們，量測到的波長會增加。假如飛馬座51真有個行星的話，因為重力的吸引，恆星飛馬座51的位置會因為行星的繞轉而移動。所以，當我們看到飛馬座51發出的光的波長在改變時，就可以下結論決定飛馬座51有個行星在繞著它轉。

我們又問：「在銀河之路星系中，和太陽相似的一百億個

恆星裡，有多少個有行星？」在德雷克的估算裡，比較高的估計是五〇％到一〇〇％，比較低的估計是一〇％，也就是有一、二十億個和太陽相似的恆星是有行星的。

那麼，在這至少一、二十億顆恆星裡，多少顆行星有足以孕育生命的環境呢？按照我們在地球上的經驗，水是不可缺少的，因為水可以做為溶劑，讓分子結合成有機複合物，再成為蛋白質。在太陽系裡，科學家認為離太陽太近，光解作用（photodissociation）會讓水分子分解而消失，精確一點地說，就是距離不能比地球和太陽的距離再近五％以上；相反地，離太陽太遠水就會凝固，因此不能比地球和太陽的距離再遠三七％以上。除了水之外，碳、氫、氧和氮也都是必要的。氫、氧、氮可以和碳結合成有機複合物；氧是個活性元素，當它和別的元素結合時，就會產生支持生命的能量；而氮是蛋白質的基本元素。

前面提過，天文學家黃授書在一九五九年的論文中指出，離地球約十光年的鯨魚座的天倉五和波江座的天苑四有孕育支持生命的條件，因為天文學家在它們的光譜裡看到碳和氧。此外，硫、矽也都有取代碳的可能，至於鐵、鈉、鉀、鈣都是我們身體裡需要的金屬。科學家估計，在一、二十億顆行星中，大概會有一〇％適合孕育生命，所以還是有一、二億顆行星可

能有外星文明。

　　儘管如此，生命和有智慧能力的生命，還是不一樣的。首先，什麼是智慧能力？了解、推理、學習、創造、使用語言文字的能力，都可以說是智慧能力。從地球上三、四十億年以前，單細胞微生物開始的進化過程來看，多數的科學家相信，智慧能力的發展來自進化和遺傳，不可能只是一個偶然的意外。換句話說，地球上的智慧文明不會是獨一無二的。那麼，在有孕育生命環境的行星裡，有多少顆會孕育出有智慧能力的生命呢？這個比例可以估計為一％。

大於一就有希望

　　接著，我們還要問：在那些有智慧能力的文明中，有多少個高度文明的社會，有和外界通訊的能力，或者有與外界通訊的意願？以古希臘社會做為一個例子，他們在思想、文化、藝術、科學上的發展遠超過工程技術上的發展，是不是也有些外星文明擁有高度的智慧能力，卻在通訊技術上遠遠落後呢？另一個可能的情形是，在高度文明的社會裡，他們用光或其他的通訊方式來聯絡溝通，對他們來說，這些通訊技術是足夠和滿意的，可是不一定適合在太空和其他文明社會聯絡溝通。還有，前面曾經提過，或許一個高度文明的社會，基於種種的顧

慮和考量，即使有了技術，也不願意和別的文明社會來往溝通。所以，在有智慧能力的文明社會裡，有技術、有意願和外界接觸的社會，又得再打個折扣。這個折扣該是多少？實在無法估計，科學家說就算一％吧！

最後，文明社會的壽命往往有限，甚至是短暫的。碰上天體的互撞、溫度上升或下降，海洋水位的上升和下降等天災，或者人禍如疾病的傳染、核子戰爭的爆發等，都可能把整個文明社會消滅。以地球上的人類社會為例，假如今天爆發的核子戰爭把地球毀滅了，那麼回溯到一九五九年科可尼和莫里森的論文，我們的文明只有五十年，要在這個時段裡想辦法來和一個壽命是五千年的外星文明聯絡。在太空億萬年的時間裡，五十年也好、五千年也罷，都是很短的時間。而且，這兩個時段還必須對得上，如果一個文明已經終結，另外一個還沒開始，兩者也沒有聯絡溝通的可能。其次，兩個時段對得上也不代表他們的壽命時段能夠重疊，如果兩個文明社會間的距離是一萬光年，當一個外星文明送出的訊號到達另一個文明時，原來傳送訊號的外星文明已經消失了。

讓我做個總結。從銀河星系裡二、三千億顆星開始，有多少顆星和太陽相似？又有多少顆星有行星？有多少顆星有孕育生命的環境？又有多少顆星是有智慧能力的生命？其中又有多

少顆星是有和我們通訊的能力和意願？其中又有多少顆星的壽命和我們的壽命對得上？德雷克方程式就是把這些百分比全部乘起來得出來的結果，也就是可能和我們聯絡溝通的外星文明的數目。因為，德雷克方程式的所有百分比都是靠估計出來的，所以最後的結果，會因不同的估計而大不相同，有低至個位數，也有高至五千、一萬，甚至更大。無論如何，只要估計結果是一或大於一，我們就有希望了。

PART 4

有趣的數學

4.1 從正整數談起

正整數與自然數

說到數字，大家當然馬上就想到 1、2、3、4、5……在數學裡，這叫做正整數（positive integer）。遠古時期，人類已經發現和了解正整數這個觀念：一頭牛、兩頭牛、三頭牛都是很具體的觀念；大家聽過宋朝邵康節作的〈山村詠懷〉：「一去二三里，煙村四五家，亭臺六七座，八九十枝花。」

正整數之後，我們立刻會想到「0」這個數字。其實和正整數相比，「0」是一個較為抽象的觀念。一個燒餅、兩個饅頭、三個小朋友，這些觀念都會清楚地呈現在我們眼前和腦海中，但零頭牛是什麼呢？是一片空曠的草原嗎？有人說：「『零』就是『沒有』呀！」因此按照這個說法，有了「有」這個觀念，才能夠了解相對的「沒有」這個觀念。換句話說，了解正整數的觀念，才能夠了解「0」的觀念。當我們說，桌上沒有燒餅時，是指和桌上有一個、兩個、三個燒餅相對的觀念。「不求天長地久，但願曾經擁有」，因為「曾經擁有」，

才能體會到「不再擁有」的心情。相信大家都聽過，在佛教裡北宗神秀大師和南宗六祖惠能大師的菩提樹偈（偈句是唱歌的詞句）的故事。神秀大師念的是：「身是菩提樹，心為明鏡臺，時時勤拂拭，勿使惹塵埃。」惠能大師念的是：「菩提本無樹，明鏡亦非臺，本來無一物，何處惹塵埃。」「有」和「無」是相對應的，是相互彰顯的。

正整數加上零，0、1、2、3……被稱為「自然數」（natural number）[3]，在數學裡，除了憑一頭牛、兩頭牛的直覺外，我們必須問自然數到底是什麼東西？這是一直到了十九世紀數學家才想到的：建立一個嚴謹的模型，來描述自然數和規範自然數的運算。有關自然數最重要的模型就是按照十九世紀義大利數學家皮亞諾（Giuseppe Peano）提出的被稱為「皮亞諾公理」（Peano's axioms）。最基本的觀念是：0 是一個自然數，接下來 1 是一個自然數，接下來 2 是一個自然數，接下來 3 是一個自然數等。

運算

在自然數的世界裡，我們引進「運算」（operation）這個觀念：「運算」可以說是一個「動作」，它從兩個自然數產生一個自然數做為運算的結果。大家最熟悉的一個運算是「加」

（＋），五頭牛加三頭牛等於八頭牛，5 + 3 = 8。

　　自然數的世界裡，一個運算被稱為「封閉」（closed）的運算，如果運算的結果還是一個自然數，很明顯地「加」是一個封閉的運算。正如《西遊記》說的，不管孫悟空怎樣翻筋斗，始終跳不出如來佛的手掌心，換句話說，在如來佛的手掌心世界裡，「翻筋斗」是一個封閉的運算。

負整數與整數

　　除了正整數和自然數，還有負整數（negative integer），也許大家會說負數好像是個很清楚、很簡單的觀念；正數代表財產、所有，負數代表債務、虧空。但是，若問：負三頭牛這觀念可以怎樣呈現出來呢？當我說我有三頭牛，我可以帶您去看這三頭牛，但當您說有負三頭牛，您可以帶我去看這負三頭牛嗎？

　　按照數學歷史的記載，負數這個觀念首先在中國漢代，大約在西元一世紀左右成書的《九章算術》出現。魏晉時期的數學家劉徽（西元二二五年～二九五年）為《九章算術》作注，提出正數和負數這兩個名詞和明確的定義，他說：「兩算得失相反，要令正負以名之。」意思是「在計算過程中，遇到意義相反的數量，要用正數和負數來區分它們」。西元六二八年，

印度著名的數學家、天文學家婆羅摩笈多（Brahmagupta）也提到負數的觀念，他在一個數字上面加上一個小點或小圈表示它是一個負數。可是即使到了十四、十五世紀，許多數學家雖然知道負數的存在，但還是不能接受或不完全了解負數這個觀念，有些數學家把負數叫做「荒謬的數」（absurd number）。

把自然數和負整數的世界合在一起，就是「整數」的世界。若畫一條水平線，中間的位置是 0，往右走是 ＋1、＋2、＋3……往左走是 －1、－2、－3……讓我們把熟悉的「加」和「減」兩個運算引進「整數」的世界，例如：5＋3＝8，5－3＝2，5＋（－3）＝2，5－（－3）＝8，你可以用「五塊錢加三塊錢、五塊錢花掉三塊錢、五塊錢加上欠人家三塊錢和五塊錢減掉欠別人的三塊錢」來解釋。在「整數」的世界，「加」和「減」都是封閉的運算。

「加」和「減」是「互為相反」（inverse）的「運算」：5＋3－3＝5，5－3＋3＝5。下圖的「加」就是往右走，「減」就是往左走。

有理數與無理數

讓我們推而廣之，在整數的世界引進「乘」的觀念，$3 \times 5 = 15$，$3 \times (-5) = -15$，$(-3) \times (-5) = 15$。

乘可以解釋為連續的「加」，$3 + 3 + 3 + 3 + 3 = 15$，在整數的世界，「乘」還是一個「封閉」的運算，但當我們引進「除」（$\div$）這個運算時，「除」在整數的世界裡就不再是一個封閉的「運算」了。例如：

$15 \div 5 = 3$

$15 \div 7 = ?$

因此，我們引進有理數（rational number），也就是分數（fraction）這個觀念：讓 p 和 q 是整數，q 不等於 0，p 被 q 除，寫成 $\frac{p}{q}$ 就叫做一個有理數。因為 q 可以等於 1，所以有理數包括所有整數。在有理數的世界裡，「乘」和「除」是「封閉」的運算，也是「互為相反」的運算。

謝靈運是東晉時期的文學家，他曾說：「天下才共一石，子建獨得八斗，我得一斗，天下共分一斗。」子建就是曹操的兒子、「七步成詩」的曹植，這句話的意思是天下的文才，曹子建獨得了 $\frac{8}{10}$，我得了 $\frac{1}{10}$，其他所有的人一起共分剩下來的 $\frac{1}{10}$，他的用意是經由推崇曹子建來抬高自己的身價。

有理數也可以用小數點的形式呈現，例如：$\frac{9}{8}$ 可以寫成

1.125，$\frac{9}{11}$ 可以寫成 0.81818……當有理數用小數點的形式呈現時，有兩個可能：一個是小數點後面的部分是有限的，例如：$\frac{1}{2}$ = 0.5，另外一個是小數點後面的部分是循環的，例如：$\frac{22}{7}$ = 3.142857142857142857……這兩個可能來自當 p 被 q 除時，如果除得盡，$\frac{p}{q}$ 小數點後面的部分是有限的，如果除不盡，每除一次都有一個餘數，但因為一共只有 $p-1$ 個可能的餘數，所以，當餘數重複出現時，小數點後面的部分就形成一個循環。

換句話說，如果一個數字用小數點的形式呈現時，小數點後面的部分是有限的或循環的，那麼這個數字一定是一個有理數，可以用分數 $\frac{p}{q}$ 的形式來呈現（這有嚴謹的數學證明）。

反過來說，如果一個數字用小數點的形式來呈現時，在小數點後面的部分是無限且不是循環的話，那就不是有理數，此類數字叫做無理數（irrational number）。遠在西元前五世紀，希臘數學家已經發現了無理數的觀念，並且證明 2 的開平方 $\sqrt{2}$ = 1.4142135623……是一個無理數。

代數數與超越數

接下來，讓我介紹代數數（algebraic number）和超越數（transcendental number）這兩個觀念。

我們都記得 $ax + b = 0$ 叫做一元一次方程式，其中 a 和 b 都是有理數，也叫做這個方程式的係數，「一元」是指方程式裡有一個未知數 x，一次是指方程式裡只有 x 的一次方，而且我們也記得 $x = -\frac{b}{a}$ 叫做這個方程式的根，「根」是指把「根」做為 x 的數值代進方程式裡，結果是等號兩邊都等於 0。

我們也記得 $ax^2 + bx + c = 0$ 叫做一元二次方程式，而且 $\frac{-b \pm \sqrt{b^2 - 4ac}}{2a}$ 是這個方程式的兩個根。

推而廣之，

$$ax^n + bx^{n-1} + cx^{n-2} + \cdots\cdots = 0$$

叫一元 n 次多項式方程式，按照代數基本定理（fundamental theorem of algebra），它有 n 個根。在直覺上，這似乎是相當自然，但在數學裡，這必須經過嚴謹的證明。任何以有理數為係數的一元 n 次多項式方程式，它的根都被稱為「代數數」。很明顯的，任何有理數都是代數數，但有些無理數也是代數數，例如 $\sqrt{2}$ 是 $x^2 - 2 = 0$ 這個方程式的一個根，所以 $\sqrt{2}$ 是一個代數數。

在所有的無理數裡，不是代數數的無理數，叫做「超越數」。大家最常遇到的超越數包括：

圓周率 $\pi = 3.141592653589793\cdots\cdots$；

自然對數的底數 e $= 2.71821828450945\cdots\cdots$；

三角函數，例如：$\sin \frac{1}{\pi} = 0.841470984807896\cdots$；

對數，例如：$\log_e^2 = 0.693147180559945\cdots$

要證明一個數字是超越數，需要相當深入的數學工作，讓我們以「π」為例子：雖然遠在西元前二千多年，數學家已經發現了「π」的觀念，可是一直到一七六一年「π」才被證明是一個無理數，到了一八八二年「π」才被證明是一個超越數。

注釋

3. 自然數這個名詞的使用並不一致。

4.2 郵票面額的配對

　　老先生到郵局寄信，賣郵票的小姐說有兩種郵票，面額分別是六元及二十一元，老先生說想買八十元的郵票，賣郵票的小姐說：「沒辦法配得剛好。」第二天老先生又來了，賣郵票的小姐說新的郵票發行了，兩種郵票的面額是五元和二十一元，老先生說一共需要七十九元的郵票，賣郵票的小姐說沒辦法配得出來。第三天老先生又來了，還是只有兩種郵票，面額是五元和二十一元，老先生的郵資是八十九元，賣郵票的小姐給他一張五元和四張二十一元的郵票，一共八十九元。第四天老先生又來了，他要的郵資是一百五十七元，賣郵票的小姐說有兩種配法，二十三張五元和兩張二十一元的郵票，或是兩張五元和七張二十一元的郵票。而且從此以後老先生發現，只要郵資超過七十九元，賣郵票的小姐都一定能夠幫他分配好，老先生覺得這倒真有趣，決定請數學老師為他解釋。

丟番圖方程式

　　遠在西元二百年左右，希臘數學家丟番圖（Diophantus of Alexandria）寫了一系列的書《數論》（*Arithmetica*），討論代數方程式的解答，因此被尊稱為「代數學之父」。他特別提出以整數為係數的代數方程式，有沒有整數答案這個問題。譬如我們問 $19y - 8x = 1$ 這個代數方程式，x 等於什麼正整數，y 等於什麼正整數可以滿足這個方程式呢？答案是：$x = 7$，$y = 3$。但是讓我們看一個相似的簡單的例子，$12y - 3x = 2$，這個代數方程式卻沒有正整數答案，換句話說，沒有兩個正整數可以做為 x 和 y 的值來滿足這個方程式。驗證如下：

$$3x = 12y - 2$$

$$x = \frac{12y - 2}{3} = 4y - \frac{2}{3}$$

因此，不管 y 是什麼整數值，x 都不可能是整數。

　　一個或一組以整數為係數且只接受整數或正整數為答案的方程式就叫做「丟番圖方程式」（Diophantine equation，又稱不定方程式）。

　　讓 a、b 和 n 是三個常數，x 和 y 是兩個未知數，$ax + by = n$ 在數學上叫做「二元一次線性方程式」，這個方程式可以有很多不同答案，我們可以隨便選一個 x 的數值叫做 x_0，然後算出相當於 y 的數值，叫做 y_0，$y_0 = \frac{n - ax_0}{b}$，很容易。但是，如果

加上一個條件：x 和 y 的答案都必須是整數，甚至是正整數，那麼就有很多不同的可能了。

弗羅貝尼烏斯數

讓我們小心地分析一下：首先假設在 $ax + by = n$ 這個方程式裡，a、b 和 n 都是正整數，而且 a 和 b 互質（coprime），也就是說 a 和 b 的最大公因數是 1。遠在十九世紀德國數學家弗羅貝尼烏斯（Ferdinand Georg Frobenius）證明了只要 $n > ab - a - b$，那麼 $ax + by = n$ 這個方程式就一定有正整數答案，$ab - a - b$ 這個數字就叫做 a 和 b 的弗羅貝尼烏斯數（Frobenius number）。

前面提到老先生買郵票的例子裡，$a = 5$，$b = 21$；$ab - a - b = 105 - 5 - 21 = 79$，難怪只要老先生的郵資超過七十九元，賣郵票的小姐一定配得出購買郵票的組合。

讓我指出弗羅貝尼烏斯的結果有兩個重要的含義，第一，對任何 a 和 b，只有有限的若干個不同的 n，$ax + by = n$ 這個方程式沒有正整數答案；第二，這些 n 的數值以 $ab - a - b$ 為上限。這兩點都可以嚴謹地證明。

西爾維斯特

反過來說，如果 a 和 b 互質，$n \leq ab - a - b$，那麼有多少個不同數值的 n，$ax + by = n$ 這個方程式沒有正整數答案呢？十九世紀英國數學家西爾維斯特（James Joseph Sylvester）證明了：n 的數值從 1 到 $ab - a - b + 1$ 裡，有一半 $ax + by = n$ 有正整數答案，另外一半沒有。

例如 $a = 5$，$n = 21$，$ab - a - b + 1 = 80$，按照西爾維斯特的結果：從 1 到 80 裡有四十個 n 的數值：1、2、3、4、6、7……73、74、79，$ax + by = n$ 沒有正整數答案，另外四十個 n 的數值：5、10、15、20、21……76、77、78、80，$ax + by = n$ 有正整數答案。真巧，一半、一半？

是的，不管 a 和 b 是什麼數值，只要 a 和 b 互質，肯定是一半、一半。

推廣

老先生買郵票的問題，可以推廣到有三種不同面額的郵票，a、b、c，所以我們就問 $ax + by + cz = n$ 這個方程式，x、y 和 z 三個未知數是否有正整數答案？如果 a、b、c 的最大公因數是 1，那麼和前面只有兩種面額郵票的情形相似，只要 n 大於某一個數值，$ax + by + cz = n$ 就肯定有正整數答案，這個

數值就叫做 a、b、c 的弗羅貝尼烏斯數。

不過數學家還沒有找到一個簡單的公式可以把 a、b、c 的弗羅貝尼烏斯數表達出來。倒是對已知的 a、b、c，我們可以用算法把它的弗羅貝尼烏斯數找出來。舉例來說，4、7、12 的弗羅貝尼烏斯數是 17；4、9、11 的弗羅貝尼烏斯數是 14；6、9、20 的弗羅貝尼烏斯數是 43。到麥當勞買麥克雞塊，小盒六塊、中盒九塊、大盒二十塊，只要超過四十三塊，就一定配得出來，四種或四種以上不同面額郵票的結果也能夠相似地推廣。

一個有趣的例子

讓我們再看一個二元一次線性丟番圖方程式的例子：有五個水手，他們的船在風浪裡沉沒了，逃生到一個小島上，發現椰子樹下有一大堆椰子，旁邊站著一隻猴子，他們同意先休息一個晚上，第二天早上起來再把椰子平分為五等分。到了半夜，第一位水手偷偷爬起來把椰子分成五等分，還多出一個，他把那一個給了猴子，自己拿了 $\frac{1}{5}$ 藏起來，其他的椰子留在樹底下，然後回去睡覺了。過了一會兒，第二位水手也偷偷地爬起來，把留在樹底下的椰子分成五等分，又剛剛好多出一個，他將那一個給了猴子，自己拿了 $\frac{1}{5}$ 藏起來，也將其他椰

子留在樹底下，回去睡覺了。第三位水手同樣如法炮製，第四位及第五位皆是如此。第二天早上，大家起來了，都裝著若無其事，跑到樹底下，大家一起將椰子分成五等分，又恰巧剩下一個，也把這一個椰子給了猴子，請問：原來有幾個椰子？

假設一開始樹底下有 a 個椰子，每經過一個水手偷偷私藏之後，剩下來的是 b、c、d、e、f 個椰子，因此：

$$b = (a - 1) - \frac{a - 1}{5} = \frac{4}{5}(a - 1)$$
$$c = \frac{4}{5}(b - 1)$$
$$d = \frac{4}{5}(c - 1)$$
$$e = \frac{4}{5}(d - 1)$$
$$f = \frac{4}{5}(e - 1)$$

換句話說，f 是第二天早上五個水手在一起的時候剩下來的椰子數目，因此，用 g 來代表第二天早上每個水手最後平分得到的椰子的數目 g 為：

$$g = \frac{1}{5}(f - 1)$$

六個方程式可以簡化為：$1024a - 15625g = 11529$。

因為 1024 和 15625 互質，這個丟番圖方程式有正整數解，而且最小正整數解是 $a = 15621$、$g = 1023$。換句話說，除了每個水手自己偷偷藏起來的椰子外，第二天早上每人分到一千零二十三個椰子。

一個古老的例子

最後，讓我為大家講一個古老的例子，而且它的答案毫無疑問會令您瞠目結舌。阿基米德（Archimedes of Syracuse）是希臘數學家。他提出一道牛群裡共有多少頭牛的題目，還輕鬆地把這道題目用一首詩的形式表達出來，這道題目是一七七三年在德國一間圖書館館藏他的手稿裡發現的，一開始是這樣說的：

朋友，如果您自認勤奮和聰明，那您就來算算太陽神的牛群裡有多少頭牛吧！牠們聚集在西西里島上，分成四群在悠閒地吃草，一群是毛色像乳汁一樣的白牛，一群是毛色閃耀有光澤的黑牛，一群是毛色棕色的棕牛，一群是毛色斑斑點點的花牛，當然每群牛又分成公牛和母牛，讓我告訴您：白色公牛的數目等於 $\frac{1}{2}$ 黑色公牛再加上 $\frac{1}{3}$ 黑色公牛再加上所有棕色公牛的數目。

接下來，還有其他相似的條件，就不在這裡敘述了。這些條件可以寫成七個方程式，用大寫 A、B、C、D 代表四種公牛的數目，用 a、b、c、d 代表四種母牛的數目，有三個方程式用公牛的數目來表達公牛的數目：

$$A = (\frac{1}{2} + \frac{1}{3})B + C$$
$$B = (\frac{1}{4} + \frac{1}{5})D + C$$

$$D = (\frac{1}{6} + \frac{1}{7})A + C$$

另外，四個方程式用公牛和母牛的數目來表達母牛的數目：

$$b = (\frac{1}{3} + \frac{1}{4})(B + b)$$
$$d = (\frac{1}{4} + \frac{1}{5})(D + d)$$
$$a = (\frac{1}{6} + \frac{1}{7})(A + a)$$
$$c = (\frac{1}{5} + \frac{1}{6})(C + c)$$

阿基米德的問題就是在這七個方程式裡，找出八個未知數的正整數答案。這個題目並不困難，最小的一組正整數答案是：

A = 10,366,482，a = 7,206,360

B = 7,460,514，b = 4,893,246

C = 4,149,387，c = 5,439,213

D = 7,358,060，d = 3,515,820

加起來總共是 50,389,082 頭牛。

不過，阿基米德接著在詩裡說：假如您將題目解到這裡，當然不算無知和無能，但還不能被算入聰明之列，讓我們加上兩個條件，白色公牛和黑色公牛的總數是一個完全平方，換句話說 $A + B = f^2$，棕色公牛和花色公牛的總數是一個三角形數，換句話說，$C + D = \frac{g(h+1)}{2}$，g 和 h 都是正整數。

這道題聽起來簡單，但需要用來解這道題的數學相當複雜，首先，讓我交代一下：可以證明阿基米德的問題有無窮個正整數解。

到了一八八〇年德國數學家安索爾（A. Amthor）聲稱找出了一個答案，他說牛群裡的牛總數是一個 206,545 位數，前面四個數字是 7766……他的答案大致是接近的，但不完全準確，當然，安索爾不是瞎猜，可是他的計算使用對數（logarithm），而當時對數計算的精準度是不夠的。其中一個重要的步驟就是決定 $x^2 - 41028642327842y^2 = 1$ 這個丟番圖方程式的正整數答案。

到了一九六五年，三位數學家靠電腦的輔助，將最小的答案算出來，到了一九八一年，在超級電腦上花十分鐘的時間就把答案找到，並且在印表機上印出來，那是一共是有四十七頁的一個 206,545 位數，77602714……237983357……55081800，其中每一個點（.）代表 34,420 個數位。如果一個人用手把這個數字寫出來，一秒鐘一個數位，要寫二天九小時二十二分鐘二十五秒，這可真是一個驚人的數目！

當然，有趣的是：阿基米德知不知道這道題的答案是什麼？

畢氏三元數

3、4、5 是一組有趣的數字：$3^2 + 4^2 = 5^2$。5、12、13 也有同樣的關係：$5^2 + 12^2 = 13^2$，還有 44、117、125，$44^2 + 117^2 = 125^2$。一組三個整數 a、b、c，滿足 $a^2 + b^2 = c^2$ 這個關係，叫做「畢氏三元數」（Pythagorean triple），也叫做勾股數。

按照考古學家的考證，遠在西元前一千八百年，巴比倫人已經發現了畢氏三元數這個觀念和若干例子。按照中國歷史上《周髀算經》（西元前五百年左右）的記載，遠在西元前一千一百年，西周時代的數學家商高也已經觀察到（3, 4, 5）是一個畢氏三元樹的例子。

從 $a^2 + b^2 = c^2$ 這麼一個簡單的關係開始，可以導引出很多有趣的結果：首先，如果（a, b, c）是畢氏三元數，把 a、b、c 都乘上一個常數 k，（ka, kb, kc）也是畢氏三元數，例如：（3, 4, 5）是畢氏三元數，（6, 8, 10）、（30, 40, 50）也是。讓我們排除這些明顯而趣味不大的延伸，規定 a、b、c 中任何兩個數字互質，就是任何兩個數字沒有公因數（共同的除數）。那麼我們的第一個問題是一共有多少個不同的畢氏三元數呢？答案是無窮大。遠在古希臘時期，數學家歐幾里德（Euclid）已經發現一套公式可以用來寫下無窮大那麼多個畢氏三元數。

接下來讓我們從 $a^2 + b^2 = c^2$ 這個關係，講一些有趣且似乎意料不到的結果，例如：

1. 在 a、b、c 裡，a 和 b 一個是奇數、一個是偶數。

2. 在 a、b、c 裡，c 一定是奇數。

3. 在 a、b 裡，有一個也只有一個數字能被 3 除盡。

4. 在 a、b 裡，有一個也只有一個數字能被 4 除盡。

5. 在 a、b、c 裡，有一個也只有一個數字能被 5 除盡[4]。

6. 在 a、b、$a + b$、$b - a$ 這四個數字裡，有一個只有一個數字能被 7 除盡，例如在 $(3, 4, 5)$ 裡，$3 + 4 = 7$，被 7 除盡，在 $(33, 56, 65)$ 裡，56 被 7 除盡，在 $(48, 55, 73)$ 裡，$55 - 48 = 7$，被 7 除盡。

7. 在 $a + c$、$b + c$、$c - a$、$c - b$，這四個數字裡，有一個也只有一個數字能被 8 除盡，有一個也只有一個數字能被 9 除盡，例如在 $(3, 4, 5)$ 裡，$3 + 5 = 8$，被 8 除盡，$4 + 5$ 被 9 除盡。

8. c 本身也一定是兩個平方的和，例如在 $(3, 4, 5)$ 裡，$5 = 1^2 + 2^2$，在 $(33, 56, 65)$ 裡，$65 = 4^2 + 7^2$，在 $(48, 55, 73)$ 裡，$73 = 3^2 + 8^2$。接下來，讓我講兩個更有趣的結果。

9. 在 a、b、c 三個數字裡，最多只有一個數字是完全平方，

例如在（3, 4, 5）裡，4 是 2 的平方，在（17, 144, 145）裡，144 是 12 的平方，在（33, 56, 65）裡，沒有一個是完全平方。

10. 費馬（Pierre de Fermat）問在 a、b、c 三個數字裡，可不可能 $a+b$ 是個完全平方，c 也是個完全平方，答案是不但可能，而且費馬也證明了有無窮個答案，其中最小的答案 a、b、c 都是十三位的數字：

$a = 1,061,652,293,520$

$b = 4,565,486,027,761$

$a + b = (2,372,159)^2$

$c = 4,687,298,610,289 = (2,165,017)^2$

幾何的觀點

接下來，讓我們從幾何的觀點來談畢氏三元數。大家都記得在幾何裡，直角三角形是一個三角形，其中有一個角是 90°。讓 a、b、c 代表一個正直角三角形三邊的長度，c 是對著 90° 角那一邊，也是最長的一邊，叫做「斜邊」，a 和 b 都叫做「邊」。在中國古代的記載裡，斜邊 c 叫做「弦」，比較短的一邊 a 叫做「勾」，比較長的一邊 b 都叫做「股」，這就是在中國古代畢氏三元數被稱為「勾股數」的原因。

一個大家都熟悉、可是仔細想一下都是相當神妙的結果，任何一個直角三角形的三邊 a、b、c 一定滿足 $a^2 + b^2 = c^2$ 這個條件，而且 a、b、c 不限於是整數，這個結果就叫做「畢氏定理」（Pythagorean theorem）。畢達哥拉斯（Pythagoras）是西元前五百年左右的希臘數學家，在西方數學歷史裡，將他視為發現證明這個結果的人，不過，我們前面講過，按照中國數學歷史的記載，西元前一千一百年西周時代的數學家商高已經觀察到這個結果，所以在中文裡這個定理又叫做「商高定理」。

　　畢氏定理是如何證明的呢？據說大約有三百多個不同的方法，這可以說是數學裡有最多不同的方法去證明的一個結果，讓我選一個差不多光靠一張圖就可以將結果說出來的證明：首先，一個三邊是 a、b、c 的直角三角形，面積是 $\frac{1}{2}ab$。接下來，讓我畫一個邊長是 $a + b$ 的正方形，面積是 $(a + b)^2$，在這個正方形的四個角上分別剪下一個三邊是 a、b、c 的直角三角形。

　　如右圖所示，這個四個直角三角形的面積是 $4 \times \frac{1}{2}ab = 2ab$。剩下來的是一個邊長是 c 的正方形，它的面積是 c^2，因為原來的正方形的面積是這四個直角三角形的面積

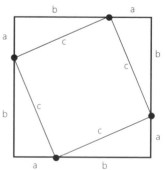

加上邊長是 c 的正方形的面積。所以，$(a+b)^2 = 2ab + c^2$，經過簡化後得出 $a^2 + b^2 = c^2$。

注釋

4. 我不會在這裡把證明講出來，讓我舉幾個例子，在（3, 4, 5）裡，很明顯這三個條件都滿足，在（33, 56, 65）裡，33 被 3 除盡，56 被 4 除盡，65 被 5 除盡，在（48, 55, 73）裡，48 被 3 除盡，也被 4 除盡，55 被 5 除盡。這就引起一個推想，（3, 4, 5）是最小的畢氏三元數，那麼以（3, 4, 5）這個畢氏三元組為出發點，是不是有可能找出所有的畢氏三元數呢？答案是：是的，從一個畢氏三元數，我們有一個方法找出三個新的畢氏三元數，這一來從 1 變 3，3 變 9，源源不斷。從數學的觀點來說，我們必須證明這個方法可以把所有的畢氏三元數找出來，一個也不少。雖然畢氏三元數這個觀念有三、四千年的歷史，有系統地從 1 變 3，從 3 變 9 產生新的畢氏三元數卻是到了二十世紀才有人想到這一條路，我要說的正是科學的發展是日新月異、層出不窮的。

4.3 費馬最後的定理

奇妙無比的證明

讓我繼續從畢氏三元數講起：我們說一個畢氏三元數，a、b、c 滿足 $a^2 + b^2 = c^2$ 這個關係，另外一個說法是在有三個未知數的代數方程式 $x^2 + y^2 = z^2$ 裡，$x = a$，$y = b$，$z = c$ 就是這個方程式的一組正整數答案，而且我們知道有無窮大那麼多組畢氏三元數，因此這個方程式有無窮大那麼多組正整數答案。

這個例子的一個自然的延伸，可以說是十七世紀初數學家費馬提出的，他首先深入研究後提出的問題就是 $x^3 + y^3 = z^3$，$x^4 + y^4 = z^4$，一直到任何一個 n，$x^n + y^n = z^n$，這些方程式有沒有正整數答案。

費馬是法國人，出生於西元一六〇一年，其實他的本業是律師，只是業餘的數學家，但他往往被稱為最偉大的數學家。他一輩子只發表過一篇數學論文，幸好在他過世後，他的兒子花了五年時間，整理了他許多有關數學的筆記和來往信件，彙集成冊發表，其中一個最重要的發現是費馬在讀丟番圖那一系

列的書時，他在書裡一頁的邊緣寫下一句話：「任何一個正整數的三次方，不能寫成兩個正整數的三次方的和；任何一個正整數的四次方，不能寫成兩個正整數的四次方的和；推而廣之，對 $n > 2$，任何一個正整數的 n 次方，不能寫成兩個正整數的 n 次方的和。換句話說如 $n > 2$，$x^n + y^n = z^n$ 這個代數方程式，沒有正整數答案。」

費馬又加了一句話：「我發現了一個奇妙無比的證明，可是書頁邊上的空白不足夠讓我把證明寫下來。」可是，後來在他所有的文件裡，都找不到這個證明，所以一個千古疑問是到底費馬真的發現了一個奇妙無比的證明呢？還是他根本沒有發現？還是他發現的證明是錯的？

因此「$x^n + y^n = z^n$，$n \geq 3$，沒有正整數答案。」這句話一直是一個猜想，直到一九九四年被完整地證明之後才能說是一個定理。

不過，費馬的確證明了 $n = 4$ 這個案例，也就是 $x^4 + y^4 = z^4$ 這個方程式沒有正整數答案，費馬用的方法就是他發明的「無窮遞降法」，那是一個非常有用、費馬也很得意的反證法。

$n = 3$，也就是 $x^3 + y^3 = z^3$ 這個方程式沒有正整數答案這個案例是在費馬以後差不多過了七、八十年由瑞士籍數學家歐拉（Leonhard Euler）證明的。

自從費馬在他的手稿裡想出這個問題後，經過七、八十年的時間，基本上只有 $n = 3$ 和 $n = 4$ 兩個案例被解決了，而我們有無窮大那麼多個案例要處理。當然，只要我們能夠證明 n 等於任何質數，「費馬猜想」是對的話，也就夠了，因為如果任何質數 n，$x^n + y^n = z^n$ 沒有正整數答案，那麼任何合成數 n（composite number）也不會有答案，但我們還是有無窮大那麼多個質數要處理呀！

法國數學家熱爾曼

　　能夠比較全面來看這個題目，向前跨出重要一大步的是十八世紀末期的法國數學家熱爾曼（Sophie Germain）。

　　熱爾曼觀察到一個特例：當 n 是一個質數，而同時 $2n + 1$ 也是一個質數時（例如：$n = 5$，$2n + 1 = 11$，5 和 11 都是質數。$n = 23$，$2n + 1 = 47$，23 和 47 都是質數。）如果 $x^n + y^n = z^n$ 有正整數答案的話，這個答案必須滿足「x、y、z 裡，頂多只有一個能夠被 n 除盡」這個條件，這個條件可以幫忙消除許多不需要考慮的可能。從這裡出發，有兩位數學家同時解決了 $n = 5$ 這個案例；後來又有一位數學家解決了 $n = 7$ 這個案例，接下來許多 $n < 100$ 的質數的案例也先後被解決了。

　　大約三百年以來，「費馬猜想」許多案例都先後被解決

了，到了一九五〇年代，有了電腦來幫助進行高速的計算，在一九五四年，$n = 2521$ 以下的案例都被解決了。到了一九八〇年代，$n = 125,000$ 以下的案例也都被解決了。到了一九九三年，$n = 4,000,000$ 以下的案例都被解決了，但這都無法確定「費馬猜想」到底是對還是錯。

谷山豐、志村五郎的猜想

等到一九九四年，「費馬猜想」終於由普林斯頓大學的數學教授懷爾斯（Andrew Wiles）證實了。

要講懷爾斯怎樣證明「費馬猜想」，我們得從兩位日本數學家谷山豐（Yutaka Taniyama）和志村五郎（Goro Shimura）的猜想談起，這個猜想通常被稱為「谷山－志村猜想」。

谷山豐和志村五郎是一九五〇年初期在東京大學的兩位年輕數學家，二戰後，日本處於復甦階段，年輕數學家往往只靠自己的努力和彼此之間的切磋獲取新知以求進步。一九五五年，在東京舉行的國際數學會議上，他們提出一個猜想，這個猜想認為在數學上有兩種似乎是不大相關的函數，是有密切關聯的，我用一個簡單的比喻來說明這個猜想。

地面上有無窮大那麼多根小草，天空中有無窮大那麼多顆星星，谷山豐和志村五郎的猜想說：每根小草都有一顆對應的

星星，每根小草有它的 DNA，每顆星星有它的 DNA，每根小草 DNA 和它相對應的星星 DNA 完全一致；不過，不同的小草可能有相同 DNA，因此也有相同的對應星星。換句話說，按照谷山豐和志村五郎的猜想，如果有人告訴你，他有一根小草，但這根小草沒有對應的星星，那麼他是在騙你，這根小草不可能存在。

在谷山豐和志村五郎的猜想裡講的不是小草和星星，而是數學裡的兩種函數，一種是「橢圓曲線」（elliptic curves），它的 DNA 是一連串正整數，叫做它的 L-series，另一種是「模形式」（modular forms），它的 DNA 也是一連串的正整數，叫做它的 M-series。谷山豐和志村五郎的猜想說：每一條橢圓曲線有一個對應的模形式，這條橢圓曲線的 L-series 和對應的模形式的 M-series 是一致的。

橢圓曲線和模形式都是複數變數的函數，也不是嶄新的數學觀念。遠在大約西元二百年，前面講過的希臘數學家丟番圖已經對橢圓曲線做了相當多的探討，十九世紀初期模形式的研究，也已經相當深入了。但經由谷山豐和志村五郎的猜想，把這兩種函數連起來，倒是一個石破天驚的想法；這個猜想就像是一座橋，將數學裡的兩個似乎是不相連的孤島連接起來，在花花草草的世界裡，大家講的是一種語言、技巧和結果，在星

星月亮的世界裡，大家講的是另一種語言、技巧和結果，谷山豐和志村五郎的猜想就可以扮演翻譯、溝通互相輔助的角色。

很不幸的，一九五八年，在沒有看到他的猜想被證實前，谷山豐毫無預警地自殺身亡了。從一九六〇年代開始，許多數學家都想證實谷山豐和志村五郎的猜想，雖然很多例證都支持這個猜想，卻沒有人能夠把這個猜想完全證明出來。

傅萊的猜想

一九八四年，德國數學家傅萊（Gerhard Frey）提出一條重要的思路，把「費馬猜想」和谷山豐和志村五郎的猜想連起來，他說：「如果『費馬猜想』是錯的話，換句話說，如果我們可以找到 x、y、z 和 n，滿足 $x^n + y^n = z^n$ 這個方程式，那麼我們就可以找到一條橢圓曲線，這條橢圓曲線是沒有對應的模形式的，就是說谷山豐和志村五郎的猜想是錯誤的了。反過來，如果谷山豐和志村五郎的猜想是對的，這條橢圓曲線就不可能存在，那麼『費馬猜想』就是對的了。換句話說，只要能夠證明谷山豐和志村五郎的猜想就等於證明了『費馬猜想』。」

傅萊的思路很明顯是非常重要和令人興奮的，但在數學上的論述是有瑕疵的，因此，後來被修正為一個猜想，叫做「epsilon 猜想」。這個猜想在一年多後，由數學教授黎貝

（Ken Ribet）證實了。

傅萊和黎貝的結果，指出證明「費馬猜想」的一條路，就是證明谷山豐和志村五郎的猜想，但那看起來可不是一件簡單的事。

懷爾斯的貢獻

懷爾斯出生於英國，他十歲時，在圖書館看到一本有關數學的書提到「費馬猜想」，當時他認為這題目是那麼簡單淺顯，一定要嘗試解決它。他在牛津大學拿到學士學位，在劍橋大學拿到博士學位，他的博士論文就是有關橢圓函數的研究。當他在一九八六年聽到黎貝的結論時，就決定要經由證明谷山豐和志村五郎的猜想來證明「費馬猜想」。

懷爾斯花了約一年多的時間，深入地細讀和了解所有橢圓曲線和模形式相關的文獻，他拋開一切與這個研究題目無關的雜事，也不出現在校外的學術會議上。雖然他沒有忽略教授大學部課程的責任，這的確是無比的決心和龐大心力的[5]。

懷爾斯埋首苦讀，而且決定一個人單獨進行這項研究工作，不但不和別人討論，甚至也不告訴別人新選擇的研究題目，而且為避免啟人疑竇，他還把目前已經大致完成的研究工作，分成幾篇論文，每隔幾個月發表一篇，讓大家以為他的研

究工作還是照舊如常進行，唯一知道這個祕密的是他的夫人娜達（Nada）。

一九八三年，德國數學家法爾廷斯（Gerd Faltings）用微分幾何的方法，證明 $x^n + y^n = z^n$ 這個方程式，頂多只可能有有限個正整數答案，一定不會有無窮大個答案。經過三年的努力，懷爾斯的研究工作雖然獲得相當多進展，卻也無法突破某些困境，他想到在研究生時期學過的「岩澤理論」（Iwasawa theory），希望這個理論可以幫助解決他的問題，可是經過一年多的嘗試還是徒勞無功，這時他從博士論文的指導老師那裡聽到一個叫做「Flach-Kolyvagin」的方法，懷爾斯認為這個方法可以經過修改用來解決他的問題，他又花了好幾個月的時間吸收新方法，應用在他的問題上。

自從一九八六年開始，這段時間內，懷爾斯的兩個小孩先後出生，他說唯一放輕鬆的方法就是和小孩在一起，他們對「費馬猜想」不感興趣，只要聽童話故事。

一九九三年六月，在劍橋大學的牛頓機構（Isaac Newton Institute）有一場數學研討會，大會為懷爾斯預留了三個演講時段。開會之前的兩個禮拜，懷爾斯就提前到達劍橋，在這個領域的大師面前婉轉地暗示，他會在研討會上報告一個重要的結果。「懷爾斯證明了『費馬猜想』」的傳說不脛而走了，

尤其當他報告完兩場後，第三場報告的結論愈來愈明顯了，懷爾斯的第三場報告，許多大師們都提早到場占據前排的位置，會場中充滿了緊張期待的氣氛，懷爾斯的報告裡，有許多精彩的數學觀念，當他把觀念講完後，在黑板上寫下費馬定理 $n \geq 3$，$x^n + y^n = z^n$，沒有正整數答案，然後說：「我想就在此打住吧！」頓時，全場掌聲雷動。

按照科學研究的慣例，懷爾斯在宣布他的結果後，就把論文送到期刊發表，期刊主編為了鄭重起見，破例從選派兩、三位審稿人增加到六位審稿人，他們把二百頁的論文分成六章，每人一章，其中第三章的審稿人正是懷爾斯在普林斯頓的同事卡茨（Nick Katz），卡茨已經在懷爾斯的課堂上聽過他的解釋，可是經過一個夏天的仔細閱讀。一九九三年八月時，卡茨發現了一個以前未注意到的問題，懷爾斯所用的方法不見得在每一個案例中都行得通。但這不表示懷爾斯的證明是錯的，可是卻不完整。

起初，懷爾斯以為他可以在外界得知之前，將這似乎是小小的缺失彌補過來，可是到了十月，他還是沒有成功。按照慣例，審稿人對一篇尚未發表的論文，必須保密，因此，原則上除了這六位審稿人外，外界是不會知道這些事情的。但是，同年十一月，懷爾斯的證明有漏洞的傳言就滿天飛了，到了一九

九三年十二月底，懷爾斯發了一封電子郵件，表示他的證明裡有一個無法完全解決的問題，並說目前不宜把論文稿公開，也樂觀地說希望在一九九四年二月開學前，可以把整個事情弄清楚。

泰勒的參與

懷爾斯決定不把論文稿公開是有他的理由的，他知道一旦把論文稿公開，就會有許多人纏著要他解釋其中許多細節，他會因此大大分心。同時，他也知道萬一別人替他把這個缺失補正了，別人就可以對這分功勞和榮譽分一杯羹了。

經過半年的努力，懷爾斯還是無法將漏洞補起來，他聽從了一位同事的建議，把他以前的一位博士生泰勒（Richard Taylor）請到普林斯頓大學來幫忙，小心檢驗他用的 Flach-Kolyvagin 方法。可是，從一九九四年一月開始，直到夏天都快結束了，他們還是沒有成功，懷爾斯已經準備放棄了，泰勒說反正我會留在普林斯頓到九月底，讓我們再努力一個月吧！

按照懷爾斯自己的回憶：一九九四年九月某個星期一的早上，我坐在書桌前，反覆思考我用的 Flach-Kolyvagin 方法，我想至少要了解為什麼這個方法行不通，突然間，我有一個啟

示，雖然這個方法不能完全解決我的問題，但正好解決了三年前用岩澤理論解決不了的那一部分，換句話說，這兩個方法單獨使用都不能全面解決問題，可是這兩個方法正好互補起來，就可以把整個題目解決了。一九九四年十月，懷爾斯把兩篇論文的文稿送出去，一篇長的是他的論文，一篇短的是他和泰勒合作的論文，這篇論文補充了第一篇論文裡一個重要的步驟，這是何等戲劇性、更是何等感人的故事，一道三百五十年的古老難題終於得到解決了！

「費馬最後定理」有有趣的延伸：我們已經知道 $x^3 + y^3 = z^3$，沒有正整數的答案，也就是說兩個正整數的三次方加起來不可能等於另外一個正整數的三次方，那麼 $x^4 + y^4 + u^4 = z^4$，有沒有正整數答案呢？也就是說三個正整數的四次方加起來等於一個正整數的四次方，可不可能呢？那麼 $x^5 + y^5 + u^5 + v^5 = z^5$，有沒有正整數答案呢？也就是四個正整數的五次方加起來等於另外一個正整數的五次方，可不可能呢？推而廣之，$n-1$ 個正整數的 n 次方加起來等於另外一個正整數的 n 次方，可不可能呢？

歐拉的猜測是不可能的，對 $n=4$ 和 $n=5$ 這兩個案例，歐拉錯了：

$$95800^4 + 217519^4 + 414560^4 = 422481^4$$

$$27^5 + 84^5 + 110^5 + 133^5 = 144^5$$

我想我們就此打住吧！

注釋

5. 德國數學家希爾伯特（David Hilbert）對近代數學影響深遠，有人問他為何不嘗試解決「費馬猜想」時，他說：「這得先用三年時間細讀文獻，我沒有這麼多時間用在一個很可能失敗的研究題目上。」一九〇〇年，他在巴黎國際數學大會發表一篇文章，提出數學裡二十三道重要和極具挑戰性的題目，時至今日，這些題目有些被解決了，有些還是未解，這些題目大大影響了二十世紀數學研究的方向，其中的第十道題目是：「有沒有一個算法可以找出任何一個丟番圖方程式所有的正整數答案。」大家記得 $x^n + y^n = z^n$ 就是丟番圖方程式，七十年後，第十道題目終於被解決了，答案是：不可能有這麼一個算法。在數學上，「不可能」這三個字有嚴謹的定義，也需要嚴謹的證明，並不是經過許多數學家多年的努力仍無人找到算法，就可以說「不可能」。

PART 5

有用的數學

5.1 模型和變數

蝴蝶效應

一點小差異往往導致截然不同的結果，一隻小蝴蝶，有可能就是你我的貴人。

很多人都聽過「在巴西的一隻蝴蝶，搧動了翅膀，一個月之後，引起了印尼的龍捲風」，這個說法叫做「蝴蝶效應」（The butterfly effect）。第一次聽到蝴蝶效應這個名詞的人，會以為是用來形容一些充滿幻想、不可思議的事情。事實上，這個名詞源自數學和物理，是距今大約一百年前發現的現象，這個發現引導到一個新的研究領域，叫做「渾沌系統」（chaotic system），chaotic 的意思是沒有秩序、混亂。但在學術用語裡，chaotic system 不是指一個混亂、沒有規則的系統，而是指一個有規則、可是它的變化不容易預估的系統。

在物理學理，我們往往可以用一個或多個方程式來描述一個系統，系統會因為內在和外在的參數的改變而做出相應的改變。因此，從一個系統開始時的條件和狀況，只要依據相關的

內在和外在的參數逐步的改變，就可以按照方程式逐步把這個系統的變化，乃至最後的結果算出來。在過去的經驗中，如果開始時的條件和狀況有一點點差異，整個系統變化和最後結果，也只會有一點點的差異。這種例子隨處可見：如果我們用力去推一輛車子，車子會以某個速度往前走一段距離；再多用點力，車子的速度會增加一點，走的距離會遠一點。先後兩次推車子的力相差不多，車子走的速度和距離也相差不多。

但是，大約一百年前科學家發現，有些系統如果開始時的條件和狀況只有一點點差異，整個系統的變化和最後結果卻會大大不同，這就叫做「渾沌系統」。「蝴蝶效應」就是說，整個地球的大氣系統是個渾沌系統，一隻在巴西的蝴蝶搧動或不搧動翅膀，搧得很用力或只是輕輕地搧動，雖然這在整個大氣系統中只是很小很小的差異，這個小小的差異，卻足以影響一個月後在印尼形成或沒有形成一個龍捲風。

從一九〇〇年開始，物理學家和數學家在研究流體力學中的亂流、無線電通訊非週期性振動頻率的問題時，已經觀察到「渾沌」這個現象。不過，渾沌系統的研究，是在有了電腦後才突飛猛進的。一九六一年，有位名叫羅倫茲（Edward Lorenz）的氣象學家，用電腦來做天氣預測的計算，有一天他發現一連兩次的計算，雖然起點相同，結果卻是大大不同，他

小心觀察後才發現，第一天他輸入的起點是〇‧五〇六一二七，當他把這個數字抄在紙上時，一時懶惰只寫了〇‧五〇六；當第二天他輸入〇‧五〇六為起點時，得出來的結果與第一天大大不同，雖然兩個起點數字相差不過是萬分之二。因此，羅倫茲認為用電腦模擬來做天氣預測，是不可能準確的，並因此開拓了渾沌系統這個研究領域。

中國成語裡，我們有類似「蝴蝶效應」的說法，就是源自清朝龔自珍的一首詩：「一髮不可牽，牽之動全身。」現在比較常說的是：「牽一髮而動全身。」

恩人和貴人

我們常說，好命的人會遇到恩人和貴人，你知道恩人和貴人的定義是什麼嗎？很多年以前，有個人到美國拉斯維加斯賭錢，把身上的錢全輸光了，他回家前要上廁所，可是身上連一個銅板都沒有；那時，要用一個銅板才能夠把廁所的門打開。於是，他向一個朋友要了銅板，走進廁所，卻發現前面用過廁所的那個人，出來時沒有把門關上，他就把銅板留下來，用過廁所後，把銅板往吃角子老虎機裡一丟，發了大財。他拿這筆錢當資本做生意，成為億萬富翁。他常對助理講這個故事，講完後，總是說：「真想找到當年幫忙我的那個人，讓我從一文

不名的地步，到達今天的風光，好想謝謝他。可是怎麼去找這個人呢？」他的助理說：「給你那個銅板的人，不是你的好朋友嗎？」他說：「我不是要找他，我要找的是那個忘了把廁所門關上的人。」

恩人，是做了一些清楚明確對你有助力的人，例如給了一個銅板讓你好上廁所的那位朋友；貴人，是做了一些事，不是刻意為你好，甚至不認得你，可是他做的事給了你很大的幫助，例如那個沒有把廁所門關上的陌生人。一隻小小的蝴蝶、一束鮮花、一個在路邊踢球的小朋友、一位連中文都不會講的外國遊客，都可能是我們的貴人。

在我們的生命裡會遇到很多事情，你是否想過：「只要有一點點改變，結果會是怎麼樣不同？」我想很多人都會覺得，只要能回到過去，我一定會努力做這一點點改變。蝴蝶效應告訴我們的是，不必刻意預測未來，也不必刻意回顧過往，安下心、站穩腳，好好地做我們這一刻可以做、應該做的事，那就足夠了。

5.2 機率

客觀和主觀

我們總是無法斷言一件事會不會發生，這就引起了科學家的探討和研究：如何運用適當的分析和計算來預估一件事發生的可能性。

愛因斯坦說過：「任何描述現實的數學公式和定理，都含有一個不確定的因素，否則它們描述的就不是現實。」在日常生活裡，我們常聽到許多不確定性的話：「出門不要忘了帶傘，下午很可能會下雨」、「至於這支股票明天會漲還是跌呢？那就難說了」、「如果這臺電視機在保用期三年之內壞掉，我就揹著它登上阿里山」。這些話都是對未來可能發生之事的猜估，但是，這樣的形容說法未免太模糊籠統，所以科學家們就提出「機率」（probability）這個觀念，來做更精確的陳述。

「機率」指的就是一件事情會發生的可能性，通常用一個數字來代表。這個數字介於〇和一之間；機率等於〇，表示這

個事情一定不會發生；機率等於一，表示這個事情一定會發生。八成就是○‧八，三成就是○‧三，機率愈接近一，表示這件事情發生的可能性愈高。反過來說，機率愈接近○，這件事情發生的可能性愈低。

我們會接著問，這些數字是哪裡來的？有人說那是經過數學的計算、物理的實驗得出來的，來自客觀的計算和實驗的機率數值，就叫做「客觀機率」（objective probability），也有人說那是憑個人經驗、直覺甚至是幻想得出來的；這是來自主觀的判斷，就叫做「主觀機率」（subjective probability）。

遠在一八一四年，法國數學家拉普拉斯（Pierre-Simon Laplace）提出被認為是「機率」這個觀念的古典定義，他說：「假如一個事情有若干個同樣可能的結果，那麼期待結果的數目除以所有可能結果的數目，就是期待的結果會出現的機率。」

簡單的例子是擲一個銅板有兩個同樣可能的結果，正面和反面，如果期待的結果是正面，那麼機率是 $\frac{1}{2}$。擲一顆骰子有六個同樣可能的結果，如果期待的結果是 1 點，那麼機率是 $\frac{1}{6}$，如果期待的結果是紅色（1 點和 4 點），那麼機率是 $\frac{2}{6} = \frac{1}{3}$。

但「同樣可能的結果」這個觀念，往往不容易精準地斷

定。在擲銅板的例子裡，正面和反面是同樣可能的結果；在擲骰子的例子裡，1、2、3、4、5、6 是同樣可能的結果，可以說是來自客觀地分析銅板和骰子的物理結構和性質，那就是「客觀機率」。但是在沒有辦法做出精準的、客觀的分析來決定客觀的機率的時候，就只好憑經驗或直覺來做決定，那就是「主觀機率」。

因此，數學家提出主觀的機率裡最重要的定義，也是現在最常用的定義：「頻率論的機率」（frequency probability），就是用頻率來決定的機率。如果擲一個銅板一千次，其中有五百零二次結果是正面，那麼正面的機率是 $\frac{502}{1000} = 0.502$，我們主觀地把機率判定為 0.5。如果擲兩顆骰子一萬次，其中有一千六百六十七次兩顆骰子的點數和是 7，那麼點數和等於 7 的機率是 $\frac{1667}{10000} = 0.1667$，差不多是 $\frac{1}{6}$。換句話說，假如一件事情發生了 n 次，其中有 n_1 那麼多次得到期待的結果，那麼期待的結果會出現的機率是 $\frac{n_1}{n}$，當 n 趨於無窮大時，n_1 除以 n 的數值，就是頻率論的機率。

不過，在實際的計算裡，我們不能無窮大次地去做一件事情，因此也只以 n 是一個很大的數值時的結果，做為一個近似的估計，例如我們測試了一萬個燈泡，其中有兩個在連續使用一千小時後就壞掉了，我們就設定一個燈泡在連續使用一千小

時後壞掉的機率是 $\frac{2}{10000} = 0.0002$。頻率論的機率可說是用過去的經驗來估算未來的行為，正是《戰國策》說的「前事不忘，後事之師」之意。

至於股市上升的機率、單場運動比賽勝負結果的機率，就不能用頻率來決定，只能靠專家憑經驗和直覺來判斷，也就是「主觀機率」。主觀機率來自一個人的經驗、訓練、直覺，甚至情緒因素，不但沒有辦法計算，甚至會因人而異。

但是，從科學的觀點來說，在沒有足夠的數據和資料可讓我們客觀地決定一件事情發生的機率時，我們會主觀地做一個估算，更重要的，這個估計可以按照新的資料做調整，增加估算的準確度。例如晚上出門忘了鎖門，家裡遭小偷的機率是五％，這個機率無法從頻率論的觀點來決定，因為嚴格來講，這是單一事件，也許從來沒有發生過，也許只發生過一次，頂多我們只能從以住家附近的環境安全條件，再加上一年內竊案的數目，來幫助我們做一個主觀的估計而已；至於說這支股票明天漲停板的機率是七五％，那也只是股市名嘴按照個人經驗、加上公司資料，或是再加上整個股市的走勢甚至全世界的政治、經濟情形而估計出的主觀機率而已。

古語說：「天有不測風雲。」現代氣象學的進步，天氣預報已有很高的可靠性。讓我想起《三國演義》孔明借東風的故

事，曹操用鐵鍊把船隊連結起來，打造了鐵索連環船；周瑜想到，這些船連在一起動不得，如果起了火，後果是不可收拾的，一定可以把曹操打得大敗。但那時是冬天，吹的是西北風，如果周瑜用火來燒連環船，不但燒不到曹操的船，反而把自己的船都燒掉了。

周瑜悶悶不樂，生病了，孔明去看周瑜，他把周瑜左右的人都支開，在手心寫了十六個字給周瑜看，「欲破曹公，宜用火攻，萬事俱備，只欠東風」，周瑜就問孔明：「那怎麼辦？」孔明說：「我可以幫你借三日的東南風。」諸葛亮登壇作法，果然東南風就吹起來了，周瑜大破曹操，病也好了。其實，我們可以推想，諸葛亮大概對氣象頗有心得，他用數據、資料，預估到即將要吹東南風，可不真是作法把東南風借來的。

嚴謹的分析計算

「機率論」是一門嚴謹的數學課程，我自然無法在這裡做個即使是很簡單的討論，讓我只講幾個笑話式的例子：假如我們丟一個銅板，結果是正面的可能性是二分之一，結果是反面的可能性也是二分之一；如果我們丟兩次銅板，兩次結果都是正面的可能性是二分之一乘以二分之一，就是四分之一；如果

我們丟三次銅板，三次的結果都是正面的可能性是二分之一乘以二分之一乘以二分之一，就是八分之一；如果我們丟十次銅板，十次的結果都是正面的可能性是二分之一的十次方，算出來差不多是千分之一。現在我要請問：假如你去賭場，看見一連九次丟銅板的結果都是正面，你會用身上所有的籌碼去賭下一次丟銅板的結果是反面嗎？

在一堂有關機率的課裡，老師對同學們說：「一架飛機裡，有一個乘客帶著炸彈的可能性是千分之一。」同學問：「那麼有兩個乘客帶著炸彈的可能性呢？」老師說：「那樣的可能性是千分之一乘千分之一，就是一百萬分之一，可能性當然降低了很多。」

第二天，老師和這位同學一起坐飛機去開會，到了機場，看見學生左手提著皮箱，右手提著一個圓圓的包裹，老師問：「這個包裹是什麼東西？」同學說：「是一個炸彈。」老師問：「你為什麼要帶一個炸彈上飛機呢？」他說：「您昨天講一個乘客帶炸彈的可能性是千分之一，兩個乘客都帶炸彈的可能性是百萬分之一，既然我帶了一個炸彈，另外還有一個乘客也帶炸彈的可能性就從千分之一降到百萬分之一了。」沒有學過機率的讀者會哈哈大笑，說這個學生腦筋有問題；但我要請問學過機率的讀者，這位同學的解釋錯在哪裡呢？

就是因為不管這個學生有沒有帶一個炸彈，剩下來的乘客有人帶一個炸彈的可能性還是千分之一；同樣，關於丟銅板的問題，假如你一連丟十次，十次的結果都是正面的話，可能性的確是千分之一，但是，如果我告訴你，我已經丟了九次，結果都是正面的話，那麼第十次是正面的可能性還是二分之一。

心理戰勝數學

大家應該記得一句老話：「福無雙至，禍不單行。」按照上面的說法，假如一件好事發生的可能性是十分之一，兩件好事情先後發生的可能性是十分之一乘以十分之一，等於百分之一。或者如果一件好事情已經發生了，另外一件好事再發生的可能性還是十分之一；同樣，假如一件壞事情，發生的可能性是十分之一，那麼兩件壞事情先後發生的可能性是百分之一，或者如果一件壞事情發生了，另外一件壞事情再發生的可能性還是十分之一。為什麼福和禍、好事情和壞事情會有兩樣不同的可能性呢？

比較輕鬆地說，這就是心理戰勝了數學。嚴謹地說，好事情會再發生，或者壞事情會再發生的機率，會受到前面好事情或壞事情已經發生，造成心理上的影響，把機率改變了。當好

事情發生後，也許我們沾沾自喜，就鬆懈下來，不再努力；也許我們變得更貪心，想爭取更多好處，反倒使第二件好事發生的可能性降低。當一件不幸的壞事情發生，我們變得生氣、失望、緊張、沮喪、不小心，所以第二件壞事情發生的可能性就提高了。因此，當一個不幸的意外發生時，我們應當用平靜的心情去處理，不要讓第二個意外發生的可能性增加。

最後，再說一個東晉名書法家王羲之的故事。中國人過年，很多人喜歡在大門貼上春聯。有一年，王羲之剛搬新家，除夕晚上就在大門上貼春聯。上聯是「春雨春風春色」，下聯是「新年新景新家」；上聯描寫春天的景色，下聯描寫新的氣象，的確很不錯。誰曉得春聯貼在大門上沒多久，對聯就被附近鄰居偷走。王羲之又寫了一副新對聯，才貼上了門，一下子又被偷走，眼看已經快半夜了，王羲之的家人都怕再寫新的還是會被偷走。王羲之還是又寫了一副新對聯，上聯是「福無雙至」，下聯是「禍不單行」，讓家人把這副對聯貼在門上。別人看了說，這是一副倒楣的對聯，送我都不要，更何況會來偷嗎？等到半夜一過，王羲之就在每個句子下面加三個字，變成：

福無雙至今朝至

禍不單行昨夜行

真是一副大吉大利的好對聯。說不定，王羲之也曾在學校裡選過有關機率的課呢！

5.3 資料壓縮

　　從遠古時代開始，文字的發明讓我們可以儲存語言的資料；一八二〇年左右照相機發明，讓我們可以儲存圖像的資料；愛迪生於一八七七年發明留聲機，讓我們可以儲存聲音的資料；電影發明於一八九五年，讓我們可以儲存動畫的資料。有了電腦之後，文字、語言、圖像、聲音、動畫的資料都可以用 0 和 1 來表達，也就可以由電腦來處理，用記憶體來儲存，並透過網路來傳送。當用 0 和 1 以某一個形式來表達資料時，資料壓縮就是指用另一個形式，以較少的 0 和 1 來表達。很明顯的，資料壓縮是一項重要的技術，可以減少儲存空間和傳送的時間。

　　資料壓縮的技術可以分成兩大類：無失真壓縮（lossless compression）與失真壓縮（lossy compression）。無失真壓縮減少使用 0 和 1 的數目，但原來的資料仍保持完整無缺，原因是原始資料的表達形式不是最有效率的，因此可以有改進的空間；而失真壓縮減少了更多 0 和 1 的數目，但造成一部分原始

資料的消失，如果消失的部分不是那麼重要的話，為了讓資料量變得更小，倒也是一個值得的代價，讓我們看幾個資料壓縮的例子。

電報和電腦

用電腦處理文字資料，早期訂定的一個規格是用由五個0和1的組合來表示英文裡的字母a、b、c、d……五個0和1可以產生三十二個不同的組合，對二十六個英文字母已足夠了，但為了區分大寫和小寫，再加上標點符號和0到9等，所以在一九六〇年代訂定了至今大家仍相當熟悉的ASCII規格（American Standard Code和Information Interchange的縮寫），使用由七個0和1的組合來表示英文字母、數字和標點符號。七個0和1有一百二十八個不同的組合，已足夠大小寫、數字及標點符號的需求了。

使同ASCII規格，一篇有七千個字母和標點符號的文件就要用七千個0和1來表達，這些0和1的資料有沒有不失真壓縮的可能呢？答案是可能的，語言學家分析過二十六個字母在英文裡使用的頻率，e是最常用的字母，頻率是一二％，其次是t的九％，a是八％，接下來是o、i、n；在另一個極端，z是用得最少，只有〇・〇七％，q是〇・〇九％，x是〇・

一％，如果我們不硬性地用一連串七個 0 和 1 來代表每一個字母，可以用比較少的 0 和 1，例如一連串五個或六個 0 和 1 來代表比較常用的字母，用比較多的 0 和 1，例如一連串八個或九個 0 和 1 來代表比較不常用的字母，平均下來可能不必用到七千個 0 和 1 就能表達一千個字母，達到壓縮的目的了。

如果我們硬性地用一連串七個 0 和 1 來代表每一個字母，那麼當我們接收到轉送過來的 0 和 1 時，只要把每七個 0 和 1 切開來就對了，如果不同的字母用不同數目的 0 和 1 來代表的時候，應該怎樣把傳送過來的 0 和 1 正確地切開來呢？還有常用的字母用比較少的 0 和 1，不常用的字母用比較多的 0 和 1 來表達，「常用」和「不常用」，「比較多」和「比較少」這些觀念如何精準地量化，在資訊科學裡「霍夫曼樹」（Huffman tree）的方法就同時回答了這兩個問題。

其實，回過頭來看，在十九世紀電報通訊技術發明時，英文字母是用一連串短的點「•（dot）」和長的劃「—（dash）」來代表的，例如 e 用點「•」來代表，i 用點點「••」來代表，a 用點劃「•—」來代表，g 用劃劃點劃「——•—」來代表，也符合了常用的字母用比較短的訊號來代表的觀念。

這個例子也指出資料壓縮裡一個重要的觀念，那就是壓縮的效率和資料的內容有關，當我們傳送一份用英文寫的文件

時，上面講的壓縮方法是相當有效的，但如果傳送的是一份法文、德文，甚至閩南語羅馬字拼音的文件，那麼 a、b、c、d、e……的使用頻率可能和英文不同，上面使用的字母和相對應的 0 和 1 的組合也應該不同，否則壓縮的效率可能不會那麼高，甚至可能適得其反，增加了一共要使用的 0 和 1 的數目了。

WinZip

第二個我要講的例子，使用相似的觀念，那就是常用的字和詞彙用比較精簡的形式來表達以達到資料壓縮的目的。用過微軟視窗作業系統的讀者，都知道 WinZip 是常用的資料壓縮的工具，WinZip 和其他壓縮工具的基本觀念是，每一個文件都會有用得比較多的字和詞彙，例如一份有關股票市場的報告，「買超」、「賣超」、「漲停板」、「跌停板」這些詞會重複出現，一份有關能源的報告，「節能」、「減碳」、「替代能源」這些詞會重複出現，所以如果對每一份文件，先製作一本字典，這本字典有幾千個在這份文件裡出現得比較多的字和詞，這些字和詞有一個相對的數字代號，當字典裡的一個詞在文件裡出現時，例如「漲停板」，我們不必把「漲停板」三個字傳送出去，而是把它在字典中的數字代號，例如「168」傳送出去就可以了，這也是不失真的資料壓縮。

其中有幾個重要技術問題，第一，在傳送那一端怎樣把這部字典建立起來，要不要先把整個文件先瀏覽一遍？答案是不需要，這部字典可以邊傳送邊建立。第二，要不要把在傳送端建立起來的字典單獨傳送到接收端？答案也是不需要的，因為這部字典可以在接收端邊接收邊建立。第三，這部字典可以在傳送的過程裡動態更新。有興趣的讀者可以去看看一個叫做 Lempel-Ziv 的壓縮算法，那是這些觀念的理論基礎。當然根據這些觀念製作出來資料壓縮軟體，有很多聰明、巧妙的細節以達到更迅速和有效的目的。

遊程編碼

第三個資料壓縮的方法叫做「遊程編碼」（run-length encoding），例如要傳送一連串的 011100001，可以直接把 011100001 傳送出去，也可以傳送 0（三個 1）（四個 0）1，換句話說，不直接傳送 111 而傳送（三個 1），不直接傳送 0000 而傳送（四個 0），這樣可能是多費了力氣增加要傳送的 0 和 1，但是如果我們要傳 0（十五個 1）（三十二個 0）（八十九個 1），比直接傳送 0111111……來得有效率了。當我們存送一張圖像的時候，會用 0 來代表白色，1 代表黑色，如果圖裡有一大片白色的空白或一大片黑色背景時，就是一長串的

0 和一長串的 1，那麼遊程編碼就是有效的資料壓縮方法了。

差分編碼

　　第四個壓縮方法叫做「差分編碼」（delta encoding），例如我們要把班上學生考試的成績記錄下來，可以寫 97、93、95、86……但也可以寫 97、−4、＋2、−9，表示第一個學生成績是 97，第二個學生的成績是第一個學生的成績 −4 等於93，第三個學生的成績是第二個學生的成績 ＋2 等於 95，因為學生的成績彼此之間往往相差不大，差額編碼可以有助於資料的壓縮。當我們傳送動畫裡一連串的畫面時，例如電影一秒鐘約三十張畫面，所以兩張畫面之間的差異是很少的，因此可以傳送第一張畫面，然後傳送第二張畫面和第一張畫面之間的差異，第三張畫面和第二張畫面之間的差異，就可以把第二張畫面從第一張畫面還原，第三張畫面從第二張畫面還原，也就達到資料壓縮的目的了。

失真資料壓縮

　　最後，讓我舉一個失真資料壓縮的例子：音樂裡有不同頻率的聲音，如果某一個頻率的聲音強度很大，另一個頻率的聲音強度很小，即使把這個聲音強度小的頻率拿掉，我們的耳朵

是分辨不出來的，使用 MP3 的形式來儲存和傳送的音樂，就是根據這原理來做資料壓縮，不過這些被拿掉的頻率就無法再還原了。

文字和文學的壓縮

文學裡也有許多資料壓縮的例子：正體字和相對的簡體字，可以看成資料壓縮的例子，灰塵的「塵」，簡體字寫成「小」字下面一個「土」字（尘），既減少了筆劃，小的土還是塵的意思；太陽的「陽」字，簡體字是耳朵旁加一個日字（阳），都可以說是不失真的壓縮例子；至於把乾燥的「乾」、能幹的「幹」和干戈的「干」都寫成「干」字，那就是失真的壓縮了。

有人看過《三國演義》、《西遊記》的原著，也有人只看過連環畫版，連環畫版是原著失真的壓縮版；被稱為中國文學四大奇書的《金瓶梅》，多年來在市面上流通的版本都把原著裡被認為不符合社會道德標準的段落刪掉，這就是所謂的「潔本」，清潔的版本，潔本裡很多地方就有「括弧以下刪去三五二字」這種注解，至於潔本是原本的不失真壓縮版還是失真壓縮版呢？那倒是見仁見智了。中國有名的小說家賈平凹一九九三年出版的小說《廢都》也和潔本《金瓶梅》相似，有許多

「括弧以下刪去三五二字」這種注解。

唐朝詩人王之渙有一首題目是〈出塞〉的七言絕句：

黃河遠上白雲間，

一片孤城萬仞山。

羌笛何須怨楊柳，

春風不度玉門關。

據說乾隆皇帝有一次吩咐手下的一位大臣把這首詩寫在扇面上，這位大臣不小心把「黃河遠上白雲間」這一句裡的「間」字漏掉了，二十八個字的詩被壓縮成二十七個字，皇帝正要發怒時，這位大臣不慌不忙地解釋，我寫的不是每句七個字的〈出塞詩〉而是長短句的〈出塞詞〉，這首詞是這樣念：

黃河遠上，白雲一片，孤城萬仞山。

羌笛何須怨？楊柳春風，不度玉門關。

這算不算是不失真的壓縮呢？

相信大家都念過宋朝詩人朱淑真寫的一首詩〈生查子〉，不過也有人說這是歐陽修寫的：

去年元夜時，花市燈如晝。月上柳梢頭，人約黃昏後。

今年元夜時，花與燈依舊。不見去年人，淚溼春衫袖。

這首詩裡，朱淑真用的就是資料壓縮裡「差分編碼」的技巧，前面四句是動畫裡的第一張畫面，描寫去年元夜的情景和

人物，後面四句是動畫裡的第二張畫面，這四句指出今年元夜和去年元夜的唯一差異就是不見去年人而已。

至於唐朝詩人崔護寫的一首詩〈題都城南莊〉：

去年今日此門中，人面桃花相映紅。

人面不知何處去，桃花依舊笑春風。

去年今日此門中，人面桃花相映紅，那是第一張畫面；人面不知何處去，桃花依舊笑春風，這是第二張畫面，也不正是去年和今年之間「差分編碼」的例子嗎？

5.4 神奇的定律

　　科學的研究有理論和實驗兩個相輔相成的層面，理論是一個模型，加上數學的公式，可以用來描述物理、化學或生物裡的真實現象；實驗則是經由觀察這些真實現象，獲得數據來驗證理論上的模型。科學上有很多例子是先有理論，然後再從實驗裡得到驗證的數據。例如：愛因斯坦在一九一六年提出的廣義相對論裡指出，光線會被重力扭曲，但一直等到三年之後，一九一九年五月二十九日，非洲和南美洲出現日全蝕，英國的愛丁頓（Arthur Eddington）在當天觀測日全蝕時，發現太陽附近的星星位置確實會產生視覺上的偏差，這才證明了愛因斯坦的推論。另外一個例子是歐洲在二〇〇八年完工的大型強子對撞機（large hadron collider，LHC），這個對撞機的建置，前後長達二十年，總預算高達八十億美元，主要目的就是驗證在理論上預測的基本粒子之存在。

　　反過來說，科學上有更多例子是先從實驗裡觀察到現象和數據，再回過頭來建立理論的模型和數學公式，地心引力、電

磁波和潮汐的漲退都是大家熟悉的例子。但是，我這裡要講的是第三種情形：在經濟學、社會學、語言學等領域裡，我們常觀察到許多現象和數據，更可以從這些現象和數據歸納出一些規則和方程式，但這些規則和方程式卻沒有一個理論的模型做為基礎，這就是所謂的「經驗法則」，也就是俗話說的：「知其然，不知其所以然。」

80/20 法則

十世紀的義大利經濟學家柏拉圖（Vilfredo Pareto），提出了現在被大家叫做「柏拉圖法則」或「80/20 法則」的經驗法則。柏拉圖研究當時義大利人民財富的分配時，發現大部分的財富分配在少數人的身上，比較精準的說法是，他發現全義大利八〇％的財富，集中分配在二〇％的人身上。後來，他對其他國家財富的公布做了相同統計，也發現這個 80/20 法則是相當準確的。按照聯合國一九八九年的統計，全世界最富有的二〇％人口的生產總值是全世界的八二‧七％，他們在自己國內的儲蓄是全世界的八〇‧六％，他們在自己國內的投資是全世界的八〇‧五％。我們只知道這個 80/20 的分配，卻沒有一個模型或方程式可以用來解釋怎麼導出 80/20 這個結果。後來，美國的管理大師朱蘭（Joseph Juran）沿用柏拉圖的觀

念，提出在管理學上的 80/20 法則，也就是八○％的結果來自二○％的力量。例如：在一個企業裡，八○％的成果來自二○％菁英員工的貢獻；上班時，二○％的時間用來做八○％需要做的事情，剩下的八○％時間就花在無關重要的事情上了；生產線上，八○％的錯誤來自二○％的工作點。不過，漸漸的「80/20 法則」也被濫用，失去了數值上的精準性。

換句話，在精神上「80/20 法則」就是英文裡常說的一句話：「攸關生死的少數幾個人，無關大局的那一大夥人。」（The vital few, the trivial many.）但在數據上，是不是真的由二○％的人擔負了八○％的攸關生死的責任，那就不容易驗證了。知名經濟學家克魯曼（Paul Krugman）幽默地說過：「在財富的分配上，『80/20 法則』只不過讓我們寬心一點而已，說不定八○％的財富不是集中在二○％的人身上，而是集中在一％的人身上。」近年來財富的集中可能比 80/20 的比例還要糟。反過來說，老闆要獎勵一些表現比較好的員工，警惕一些表現比較差的員工，他也可以搖著「80/20 法則」的大旗說：「你看，他是屬於那二○％的關鍵人才，你可是要被列入那剩下來的八○％的冗員裡。」

其實「80/20 法則」不只是一個統計上的數據而已，它對經濟和管理決策也可以有相當的助力。例如：如果在一間公司

的一百個銷售員裡，八〇％的業績來自最優秀的二十個超級銷售員，那麼公司得好好酬報這些超級銷售員，但是，如果在一百個銷售員裡，八〇％的業績來自四十個表現還算不錯的銷售員，那麼他們的去留就不見得那麼有關鍵性了。

班佛定律

「班佛定律」（Benford's law）是一個差不多在一百年以前由物理學家班佛（Frank Benford）發現的。這個定律說，假設找出一千個人，請每一個人隨手寫下一個四位數，這些四位數的第一位數字可能是 1，可能是 2，是 3……是 8，是 9，其中會有多少個是 1 ？多少個是 2……多少個是 8 ？多少個是 9 呢？一個直覺的答案是 —— 應該是相當平均的分布吧！九分之一是 1，九分之一是 2……九分之一是 9 吧！因為這一千個四位數是完全隨機選出來的。但是，當班佛分析許多從真實生活裡蒐集得來而不是隨機選出來的數據時，例如：不同河流的長度、不同城市的人口、不同股票的股價，他發現在許多數據裡，第一位數字的分布並不是均勻的。

他還提出一個公式，用來計算第一位數字的分布，按照他的公式計算出來的結果：第一位數字是 1 的機率是三〇％，2 的機率是一七％，3 的機率是一二％，一路遞減，8 的機率只

有五％，9的機率只有四‧六％；換句話說，在這些數據裡，大約三分之一數據的第一位數是1；大約三分之一數據的第一位數是2或3；大約三分之一數據的第一位數是4、5、6、7、8或9。當我們看第二、第三或第四位數字時，它們從0、1、2、3……到8、9的分布倒是相當平均，每個數字出現的機率都大約是十分之一。我相信很多人的第一個反應是：這聽起來有點奇怪、不可思議，甚至和直覺相違背，而且，這個公式有什麼科學上的依據呢？

　　但是，班佛定律經過反覆驗證，很多數據都是相當正確的。有個例子可以驗證班佛定律。在半導體製作這個行業裡，大家都聽過Intel公司鼎鼎大名的摩爾（Gordon Moore）在四十多年以前所做的一個預言。他說半導體製作技術會不斷進步，在一個晶片上面的元件數目，每隔十八個月就會增加一倍。換句話說，如果目前一個晶片上面可以有一百萬個元件，那麼十八個月後，一個晶片上面可以有二百萬個元件，再過十八個月，一個晶片上面可以有四百萬個元件。讓我從一百萬個元件開始，按月記載元件數目的數據，開頭的十八個月從一百萬到一百多萬，一共有十八個數據，它們的第一位數字都是1；接下來的十八個月，從二百萬到二百多萬、從三百萬到三百多萬，一共有十八個數據，它們的第一位數字是2或3；接

下來的十八個月，從四百萬到五百萬、六百萬、七百萬，一共有十八個數據，它們的第一位數字是 4，或者 5，或者 6，或者 7；再接下來的十八個月，從八百萬到一千六百萬，一共有十八個數據，它們的第一位數字是 8，或者是 9，或者是 1，在這一連串的數據裡，第一位數字是 1 的數據的確是遠比別的數據要多。

班佛定律除了是一個有趣的統計結果之外，也有它可以應用的地方。偽造的數據往往不符合班佛定律，很容易就會被捉出來。假設我們把許多張支票的面額寫下來，空頭支票款項的數目第一位數字往往會是 7、8 或 9，很少是 1 或 2，正好和班佛定律所述的相反。推而廣之，一個大公司的會計財務部門，會用相似甚至更複雜的技術來分析支出和收入的款項，找出錯誤和弊端，從而得到有用的資訊。

齊夫定律

接下來，我要講一個源自語言學的定律「齊夫定律」（Zipf's law）。美國哈佛大學的語言學家齊夫（George K. Zipf）教授，一九四九年研究語言結構時，做了一個很簡單的統計，在一個一百萬字的語料庫裡，他數了每一個字出現的次數，結果發現了「the」這個字是最常用的字，出現了近七萬

次，就是出現頻率為七％；「of」這個字排第二，出現三萬六千多次，就是出現頻率為三・六％；「and」這個字排第三，出現二萬八千多次，就是出現頻率為二・八％（七％的三分之一為二・一％，而不是二・八％，下圖依理想數據繪製，而非依實際統計數據），這樣一路由多到少排列下來，他發現了一個有趣的規則，以排第一的「the」出現次數為基準，排第二的「of」出現次數是基準的一半，排第三的「and」出現次數是基準的三分之一，推而廣之，排第十的字出現次數是基準的十分之一，排第五十的字出現次數是基準的五十分之一等。齊夫因此提出一個定律：在任何一個語料庫裡，把所有的字按照出現次數由多到少排列下來，那麼排列為 k 那個字出現的次數是排列第一那個字出現次數的 k 分之一。這是個很有趣的經驗法則，經過多次的驗證結果都相當準確，但卻沒有一個好的理論上的解釋。

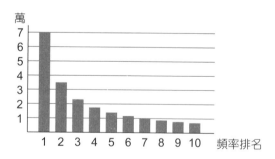

從齊夫定律我們可以得到很多有趣的結果，例如：從排列第一到排列第五的那五個字總共出現的次數，大約等於從排列第六到排列第五十五的那五十個字總共出現的次數，因為：$1 + \frac{1}{2} + \frac{1}{3} + \frac{1}{4} + \frac{1}{5} \fallingdotseq \frac{1}{6} + \frac{1}{7} + \frac{1}{8} \cdots\cdots + \frac{1}{55}$。排列第一百零一到排列第二百五十的那一百五十個字總共出現的次數也剛好等於排列第一那一個字出現的次數。除了英文，語言學家也用西班牙文、愛爾蘭文、拉丁文等的語料庫來驗證齊夫定律的準確性。至於中文呢？用單字出現的次數來排列，結果和齊夫定律的預測是有相當差異的，不過用兩個字的詞或三個字的詞的出現次數來排列，結果就和齊夫定律相當吻合了。其實這倒是可以理解的，因為在中文裡，一個單字往往可以和許多不同的單字配合成為兩個字，例如：「中」字可以用在「中間」、「中國」、「中等」、「中毒」、「命中」、「適中」等。

　　不過，更有趣的是齊夫定律的應用不只限於語言學而已。有人把美國的城市按人口數排列起來，紐約市排第一，人口是八百三十萬，洛杉磯排第二，人口是三百八十萬，大約是紐約市的二分之一，芝加哥排第三，人口是二百三十萬，大約是紐約市的三分之一，休士頓排第四，人口是二百二十萬，大約是紐約市的四分之一，聖荷西排第十，人口是九十三萬，大約是紐約市的十分之一，西雅圖排第二十四，人口是五十九萬，也

大約是紐約市的二十四分之一，不過再下去，就漸漸和齊夫定律有點差異了。

至於臺灣呢？大臺北地區排第一，人口六百六十萬，臺中排第二，人口是二百八十二萬，大約是臺北地區的一半，高雄排第三，人口是二百七十六萬，也大約是臺北地區的二分之一，桃園排第四，人口是二百二十六萬，差不多是臺北地區的三分之一，臺南排第五，人口是一百八十七萬，差不多是臺北地區的四分之一，神奇嗎？而且，過去一百年來，在不同的地域、不同的社會環境、不同的人口移動狀態之下，城市人口的數據和齊夫定律還是相當吻合。此外，在網路上的網站按照被點閱的次數排列、研究論文按照被引用的次數（例如：知名的SCI）排列、公司的大小按照員工的數目排列或按照股票市場的總值排列，有很多例子都符合齊夫定律所講的結果，為什麼是這樣呢？還沒有人能夠提出令人滿意的解釋。

齊夫定律還有很多有趣的推廣和變化，例如：一個城市加油站的數目似乎應該和人口成正比，人口減半，加油站的數目也應該減半，但是按照美國的統計數字來看並非如此，而是人口減半，加油站數目的減少不到一半。換句話說，在大城市裡，加油站比較有效率，平均一個加油站可以服務比較多的顧客。如果我們把所有城市的加油站總數由多到少排列起來，排

列第二的不是排列第一的二分之一，而是比二分之一要多，排列第三的不是排列第一的三分之一，而是比三分之一要多。

　　齊夫定律的進階變化就是：排列在 k 的數字是排列第一的數字的 k 平方分之一或三次方分之一，但也可以是一‧五次方分之一、〇‧九次方分之一。在加油站這個例子裡，如果我們用排在 k 的數字是排在第一的數字的〇‧七七 k 方分之一來算的話，結果就相當吻合了。因此，排列在第二的是排列第一的 2 的〇‧七七次方分之一，也就是一‧七分之一，比二分之一要大；排列在第三的是排列第一的 3 的〇‧七七次方分之一，也就是二‧三三分之一，比三分之一要大。至於〇‧七七這個數字怎麼來的，那是實驗找出來的結果，也沒有什麼理論依據。

　　以上是一些數據分析的例子，既有趣、也有用，但卻又不完全講得出為什麼，這就是數字邏輯神奇的地方。

5.5 分配

公平的分配

　　哥哥和弟弟放學回家，媽媽剛烤好一個蛋糕，就拿出刀來，把蛋糕切成兩塊，一塊給哥哥，一塊給弟弟。哥哥嘀咕著，埋怨媽媽偏心，給弟弟那塊比較大；弟弟也嘀咕著，埋怨媽媽偏心，給哥哥那塊比較大。媽媽說，那就讓你們自己來選吧！哥哥先選，弟弟馬上抗議，哥哥肯定把比較大那一塊先選走了。到底該怎麼做，才能皆大歡喜？

　　媽媽想出了一個主意：先請哥哥把蛋糕切成兩塊，然後再讓弟弟選。這一來，因為是哥哥負責把蛋糕分成兩等分的，他會認為他拿到的肯定是整塊蛋糕的 $\frac{1}{2}$，因此不會有任何妒忌和埋怨；同時，因為弟弟有優先選擇的機會，他也會認為自己拿到整個蛋糕的 $\frac{1}{2}$ 或以上，因此不會有任何妒忌和埋怨。

　　哥哥和弟弟想了一下，都覺得這個辦法大家都能接受，這算是平分蛋糕的解答。但是，如果媽媽在蛋糕上面塗了奶油，有些地方是巧克力奶油，有些地方則是草莓奶油，哥哥比較喜

歡巧克力奶油，弟弟比較喜歡草莓奶油，又該怎麼辦？此外，如果除了哥哥和弟弟，還有小妹妹也要吃，那又該怎麼辦？

在國家、社會、日常生活中，資源、財富、賦稅、工作等的分配是政府、企業、家庭、個人經常都要面對的問題，政府如何把年度總預算分配給國防、教育和社會福利等項目？企業如何把公司所有的員工分派到研發、製造和行銷等不同部門？大至國家之間如何分配某個小島附近公海底下的天然資源、二戰後盟軍如何分別占據柏林？小至媽媽如何分配哥哥、弟弟和妹妹去做掃地、收拾房間和遛狗等家務事？要想得到公平、大家都能夠接受的結果，往往相當複雜且困難。

因此，數學家建立了一個平分蛋糕的模型來描述和分析這些情景。我們要把一個蛋糕切成 n 塊，分給 n 個人，每個人對每一塊蛋糕有他自己主觀判斷的價值，說得精準一點，他對每一塊蛋糕打一個分數，分數愈高，就表示他愈想分到這塊蛋糕。

其中最明顯的例子，就是一塊蛋糕愈大分數就愈高，但是蛋糕的大小往往是主觀的判斷，更何況計分也可加上個人喜惡的因素，例如蛋糕上巧克力奶油有多少？草莓奶油又有多少？這些因素對分數的影響，也因人而異。不過站在數學分析的觀點來說，這個分數應該符合兩個合理的原則：

第一，一塊大小為 0 的蛋糕的分數一定是 0，換句話說，沒有人要節食。

第二，把兩塊蛋糕合成一塊，它的分數不會減少，換句話說，每個人都貪吃。

在這個模型的前提下，我們的問題是：怎樣公平地把一個蛋糕分給 n 個人呢？

公平百百種，你選哪一種？

首先，我們要問「公平」是什麼意思？「公平」的一個解釋是「滿足（satisfaction）的公平」，也可以叫做「比例（proportion）的公平」，就是每個人都認為他得到他該得到的分配。

例如把一個蛋糕分給 n 個人，只要每個人都認為他得到整個蛋糕的 $\frac{1}{n}$，那就是「滿足的公平」了。大家分吃一鍋飯，只要每個人都認為他吃飽了；把一個總預算分給若干部門，只要每個部門都覺得有足夠的款項來執行全年的任務，也都是滿足的公平。說得精準一點，每個人用自己主觀的判斷，對自己得到的分配打一個分數，如果這個分數等於或超過一個已定的分數，他就滿足了，而且這分數不一定也不必要是大家一致的。

「公平」的另一個解釋是「沒有妒忌（envy-free）的公平」，就是每個人對別人得到的分配都沒有妒忌之意，換句話說每個人按照自己的判斷，不認為任何人得到的分配比他更好。「沒有妒忌的公平」要求的條件比「滿足的公平」高，「滿足的公平」說：我吃得飽就好了；「沒有妒忌的公平」說：我吃得飽，而且別人不能比我吃得更多或更好。說得精準一點，「沒有妒忌的公平」是每個人用自己主觀的判斷，給所有人得到的分配打分數，別人得到的分數，不比他自己得到的分數高，才是公平。

「公平」的另外一個解釋是「安心的公平」，就是每個人對別人得到的分配都心安理得，換句話說，每個人按照自己的判斷，不認為別人得到的分配比他差，也就是說，個人用自己主觀的判斷，覺得別人得到的分配的分數，不比他自己得到的分配的分數低。

「公平」還有一個解釋是「一致的公平」，如果所有的人用自己主觀的判斷，替所有的人得到的分配打分數，而這個分數都相同一致的話，那就是一致的公平，例如倘若大家都認為每個人分配到的蛋糕大小都一樣，如果大家都認為每個人分配到的工作，都同樣要花四十小時才能完成，就是「一致的公平」。

讓我強調，在解釋「公平」這個觀念時，一個重要的因素是：若每個人對每一個分配的分數有他自己主觀的判斷，要如何達到公平的目的，往往是相當複雜的事情。反過來，如果對每一個分配的分數，大家都有一個共同接受的、客觀的、量化的判斷，例如一塊蛋糕以它的重量為分數、一份工作以它的工作時間為分數，「公平」的觀念就比較容易了解，「公平」的目的也比較容易達成。

講完這些架構上的觀念，讓我們回頭具體地討論怎樣平分一個蛋糕。先讓我重複上面講過的，媽媽如何把一個蛋糕平分給哥哥和弟弟：她先讓哥哥把蛋糕切成兩塊，再讓弟弟從兩塊裡選一塊，這個分配法達到「滿足的公平」的目的，因為哥哥認為他的確把蛋糕平分成兩塊，因此在他心目中，他拿到的確實是一半；另一方面，弟弟認為他在兩塊蛋糕中選了比較大的一塊，因此拿到的會等於或大於一半。

同時，這個分配法也達到「沒有妒忌的公平」的目的，因為在哥哥的心目中，弟弟只拿到一半，不會比他拿到的更多；在弟弟的心目中，哥哥只拿到他不要的一塊，不會比他拿到的多。至於這個分配法有沒有達到「一致的公平」呢？那就不一定了，雖然毫無疑問的，哥哥認為他得到的是一半，可是弟弟可能認為他得到的是一半或大於一半。

把這個問題延伸到把一塊蛋糕分給哥哥、弟弟和妹妹，就比較複雜了，因為「滿足的公平」並不保證「沒有妒忌的公平」，在三個（或者更多的）兄弟姐妹的情形之下，即使每個人都認為他自己分配得到 $\frac{1}{3}$，但同時他也可能主觀地認為可能有別人分配到 $\frac{1}{3}$ 以上。

滿足的公平

讓我們看看怎樣把一個蛋糕分給三兄妹，以達到「滿足的公平」。首先，有一個看似最明顯和簡單的方法是行不通的：讓哥哥把蛋糕分成三塊，讓弟弟選，再讓妹妹選，剩下來的給哥哥。在哥哥的心目中，三塊蛋糕的大小是一樣的，他滿足；在弟弟的心目中，他先選了最大的一塊，他也滿足；但在妹妹的心目中，弟弟可能拿了最大的一塊，剩下來的兩塊都是小於 $\frac{1}{3}$ 的，所以她不會滿足。

有一個可行的方法，容我告訴大家：我們把一塊等於 $\frac{1}{3}$ 或大於 $\frac{1}{3}$ 的蛋糕叫做大塊，一塊在 $\frac{1}{3}$ 以下的蛋糕叫做小塊。首先，讓哥哥把蛋糕分成三塊，在他的心目中，每塊都是大塊。然後，讓弟弟來評估，這有兩個可能 (1) 和 (2)：

(1) 如果弟弟認為這三塊裡至少有兩塊是大塊，他就說：

「讓妹妹先選吧！」妹妹先選，當然在她心目中，她

選的那一塊是大塊；接下來弟弟選，因為在他心目中至少有兩塊大塊，即使妹妹選了一大塊，剩下來還有一大塊；最後剩下來的一塊給哥哥，反正他一直認為三塊的大小都是 $\frac{1}{3}$，所以就達到了「滿足的公平」的目的。

(2) 但是如果弟弟認為這三塊裡，只有一塊大塊，那就是說有兩塊是小塊，他還是說：「讓妹妹先選吧！」這就會產生兩個可能 (2.1) 和 (2.2)：

(2.1) 如果妹妹認為這三塊裡至少有兩塊大塊，妹妹就說：「還是讓弟弟先選吧！」這個時候，因為在弟弟心目中，三塊之中有一塊大塊，兩塊小塊，他當然選那一塊大塊；接下來妹妹選，因為在她心目中，有兩塊大塊，即使弟弟選了一塊大塊，還剩下來一塊大塊給她；最後剩下來的一塊給哥哥，反正他一直認為三塊的大小都是 $\frac{1}{3}$，所以就達到了「滿足的公平」的目的。

(2.2) 如果妹妹也認為這三塊裡只有一塊大塊，那就是說有兩塊小塊，既然弟弟認為三塊中有兩塊小塊，妹妹也認為三塊中有兩塊小塊，因此至少有一塊弟弟和妹妹都公認是小塊，那就把這個小塊

分給哥哥，因為他會無怨無尤地認為每一塊的大小都是 $\frac{1}{3}$。接下來，我們把剩下來的兩塊合起來，成為一塊，在弟弟和妹妹的心目中合起來那一塊是大於 $\frac{2}{3}$ 的，因為哥哥已經拿走了他們心目中的小塊，我們就用媽媽的老方法（媽媽應用的正是茶壺原理），讓弟弟切，妹妹選，在他們兩個人的心目中都各分到一塊大小是 $\frac{2}{3}$ 的一半或以上，也就達到「滿足的公平」的目的了。

沒有妒忌的公平

接下來，讓我們看看若要把一個蛋糕分給三兄妹，且達到「沒有妒忌的公平」的目的，該用什麼方法。

首先，哥哥把蛋糕分成他認為是三等分的三塊，接下來，讓弟弟比較這三塊的大小，假如他也認為這三塊的確是三等分，那就簡單了，讓妹妹先選，然後讓弟弟選，再讓哥哥拿剩下來的一塊。因為妹妹是先選的，她不會妒忌哥哥或弟弟，既然哥哥和弟弟都同意這三塊是三等分的，那麼不管妹妹怎麼選，哥哥也不會妒忌，弟弟也不會妒忌，而且哥哥和弟弟彼此之間也不會妒忌，就達到了「沒有妒忌的公平」的目的。

但是如果弟弟在比較這三塊的大小之後，他認為這三塊的

大小是不同的，他把它們排成最大、次大、最小三塊，他把最大那一塊切成兩塊，叫這兩塊做 A 和 D，在弟弟的心目中，A 的大小等於次大那一塊叫做 B，此外，還有最小那一塊叫做 C，如圖中 (a) 所示。

　　讓我們把 D 放在一旁，先分配 A、B 和 C，我們讓妹妹先選，當然她可以隨便選，接下來讓弟弟選，但是有一個條件，如果妹妹沒有選 A，弟弟一定要選 A，剩下來的就留給哥哥。請注意，選 A 的一定是弟弟或妹妹。讓我們只分析妹妹選了 A 的這個可能，至於弟弟選了 A 這個可能的分析是相似的。

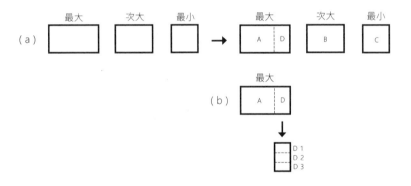

　　妹妹選了 A，我們就讓弟弟來選，弟弟自然選了 B。接下來，我們讓弟弟把 D 分成三小塊，如圖中 (b) 所示。我們先讓妹妹在那三小塊裡選，再讓哥哥選，最後剩下來那一小塊就留給弟弟。讓我們總結一下：

1. 妹妹分到 A 和 D 的三小塊裡她最先選的一小塊。

2. 弟弟分到 B 和 D 的三小塊裡最後剩下來那一小塊。

3. 哥哥分到 C 和 D 的三小塊裡他在中間選那一小塊。

站在妹妹的立場，在 A、B、C 裡她是最先選的，在 D 的三小塊裡，她也是最先選的，所以她不會有任何妒忌和埋怨。弟弟分到了 B，站在他的立場 B 的大小和 A 一樣，因為是他負責把原來最大的一塊切成 A 和 D 的，B 不會比 C 小，因為他是從 B 和 C 中間選了 B 的，弟弟也分到 D 的三小塊裡剩下來那一塊，但是他是負責把 D 平分的，所以他也沒有任何的妒忌和埋怨的地方。

站在哥哥的立場，首先，他分到 C，C 是他首先把蛋糕分成三等分中的一塊，所以在他的心目中 C 比 A 大，C 也不小於 B，接下來，哥哥也不會妒忌妹妹，因為哥哥認為 C = A + D，現在妹妹只拿到 A 加上 D 的一小塊，哥哥也不會妒忌弟弟，因為哥哥認為 C = B，而且 D 的三小塊裡，哥哥先選，弟弟後選，這也就達到了「沒有妒忌的公平」的目的了。

達到「沒有妒忌的公平」目的的切法，也已經推廣到 n 個人，但是目前推廣的切法中有一個缺點，我們在上面講過的方法：若兩個人，「沒有妒忌的公平」的切法，只要切一刀；若

三個人，「沒有妒忌的公平」的切法，只要切五刀；可是在目前已知的推廣分法，即使四個人，要切的刀數卻是沒有上限的，也因此還有許多研究的空間。

各得其所的公平

接下來，我要講一個不同的情景：媽媽把蛋糕切成三段放在桌上，哥哥、弟弟、妹妹，同時伸手去拿他們最想要的那一段，而且每個人的選擇完全憑自己的主觀和靈感，不見得和大小有關，也許哥哥喜歡巧克力比較多的一段，弟弟喜歡有白色奶油那一段，妹妹喜歡蛋糕上有一朵花那一段，而且這些主觀的衡量並不固定，媽媽換一種切法，三個人的選擇可能又會按照不同的想法來判斷，不一定和巧克力、奶油和花有關係，換句話說，三個人隨心所欲，沒有規則可以遵循。

很明顯的，如果媽媽把蛋糕切成三段，而有兩個小朋友都搶著要同一段，那就會打起架來了。反過來，如果三個人的首選都各不相同的話，譬如說哥哥要第一段、弟弟要第三段、妹妹要第二段，那就天下太平，沒有任何爭執了，這可以叫做「各得其所的公平」。有人問說，媽媽真難做，到底「各得其所的公平」有可能達到嗎？答案是「幾乎」是可以的。

讓我較為精準地描述一個切蛋糕的模型，有一塊長方形

的蛋糕自左到右總長度是 1，媽媽拿著刀垂直的把蛋糕切成三段，由左到右。明顯的，我們有很多不同的方法選擇三段長度 x_1、x_2、x_3 的數值。在任何一個切法裡，三兄妹可以各有他們自己首選的一段，我們的目的是尋找一個切法，讓三兄妹的首選沒有衝突，也就是哥哥說我首選的是某一段，弟弟說我首選的是另外一段，妹妹說我的首選是不同的另外一段，當他們的首選沒有衝突時，這就達到「各得其所的公平」了。

首先，假如媽媽嘗試很多很多的切法，例如一千個不同的切法，把蛋糕切成三段，哥哥告訴媽媽在每一個切法裡，他優先選擇的一段，同樣的，弟弟和妹妹也告訴媽媽在每一個切法裡他們首選的一段，那麼請問：在這一千個的切法裡，可不可能找到一個切法，讓哥哥、弟弟和妹妹的首選都各不相同，答案是「差不多」可以的。

讓我們先假設有三個切法，在這三個切法裡，三兄妹的首選是不同的，有一個切法，哥哥的首選是第一段，有另外一個切法，弟弟的首選是第二段，又有另外一個切法，妹妹的首選是第三段，換句話說，他們的首選是沒有衝突的。您說這有什麼用，這是三個不同的切法！但如果我同時告訴您，這三個切法都很接近，也就是說在這三個切法裡，x_1 的數值都很接近，x_2 的數值都很接近，x_3 的數值也很接近，那麼我們就可以把這

三個切法「馬馬虎虎」地合成一個切法，那就是一個「各得其所的公平」的切法了。在數學上嚴格地來說，我們從一千個不同的切法，增加到一萬個、十萬個不同的切法，那麼這三個切法就會收斂成為一個切法了。

5.6 配對與卡位

在升學的過程中，學生經由推薦、申請或考試分數分發的方式，決定進哪所學校，同時，學校也需要決定收哪些學生。換句話說，不管這個過程是簡單也好、複雜也罷，最終目的就是把學生和學校間的關係確定下來。就像男生和女生交往，以電話、電郵互通款曲，週末假日相約出遊，最終目的是男婚女嫁、共結連理。公司招進來一批新進人員，按照他們的能力、興趣和資源的需要，把新進人員分發到不同的工作位置上；工廠裡的機器按照供需的要求，被分配去生產不同的產品；分區立委的選舉更是廣泛調查民意，深入了解敵情，然後各就各位打一場民主聖戰。總而言之，學生進學校、男女之間終身大事的安排、人力或機器資源的分配、候選人和選區的相應協調都是嚴肅重要的話題，而且這裡頭往往有許多複雜、微妙的因素。不過，這不是我要講述的話題。

我想以一個數學家的觀點，把這些不同的場景看成一道道定義簡單明確的數學題目，提出嚴謹的數學解答。

分發志願的方式

　　讓我們用甲乙丙丁代表四個學生，ABCD代表四所大學，把四個學生分配到四所學校，在數學上就被稱為「匹配」（matching）的問題。甲乙丙丁也可以代表四個男生，ABCD代表四個女生；甲乙丙丁也可以代表四臺機器，ABCD代表四個產品；甲乙丙丁也可以代表四個候選人，ABCD代表四個選區。雖然表面的語言不同，背後的數學觀念卻都一樣。而且匹配不一定是一對一匹配，一所學校可以同時收很多但卻是固定數目的學生，也就是多對一的匹配。

　　讓我先從一個大家最熟悉也是最簡單的例子講起。國中生考完基測、高中生考完指考後，每個學生都會把自己想要進的學校做個排序，負責匹配的電腦系統就會按照他的志願和考試的分數，把他分配到他該進的學校。這是行之多年的做法，大家也都相信電腦系統的結果是正確、公平的。讓我解釋一下電腦系統作業的基本原理，大家就可以更放心了。

　　首先，電腦系統會一個個地分發所有學生，但分發的先後次序不會影響分發結果。例如：第一個學生的第一志願是臺大醫學系，電腦系統就先把他分發到臺大醫學系，讓他在那裡等。下一個學生的第一志願也是臺大醫學系，電腦系統也把他分發到臺大醫學系，讓他在那裡等。下一個學生的第一志願是

清大生命科學系，電腦系統就把他分發到清大生命科學系，讓他在那裡等。這樣一路分發下來，許多學生都被分發到第一志願的學校系所。讓我強調，他們只是在那裡等而已，等到有個學生的第一志願是臺大醫學系，可是當電腦系統把他分發到臺大醫學系時，發現已經有一百人在那裡等，因為臺大醫學系的入學名額是一百人，所以在這一百零一位學生裡，分數最低的那個學生就被淘汰，進不了臺大醫學系，但那是公平的，因為有一百個學生的分數比他高。而這個被臺大醫學系淘汰的學生就會被分發到他的第二志願，在此假設是清大生命科學系。

假設清大生命科學系的入學名額是五十人，如果這時五十個名額還未額滿，他就會在那裡等；但是，如果這時已經額滿五十人，那麼在這五十一個學生裡，分數最低的一個就會被淘汰，進不了清大生命科學系。不過沒關係，電腦系統會把這個被淘汰的學生放到他的下一個志願，在此假設是陽明交通大學牙醫系。到了陽明交通大學牙醫系，如果名額還未額滿，他就在那裡等，如果已額滿，那麼在所有學生裡分數最低的那個就會被分發到他的下一個志願。這麼一講大家應該都明白了，考試分數最高的就可以穩穩地留在他的第一志願裡，考試分數比較低的，就會從他的第一志願移到第二志願，再移到第三志願。如果最後他被移到第十志願，他也會知道那是公平的，因

為他曾經在他的第一志願到第九志願等待過，但都被淘汰了，因為每個地方的名額範圍內都有比他分數更高的學生。換句話說，沒有一個學生會被高分低發，每一個學生都會按照他的成績，分發到他能夠得到的最高志願。同時，這個做法對學校也是公平的，每個科系都會按照名額，收到有意願進這個科系的學生裡分數最高的學生。

穩定的婚姻

另外一個表面不相關但實際上一樣的問題，叫做「穩定的婚姻」問題。穩定的婚姻是一個嚴肅的重要社會議題，我們會用嚴謹的、精準的數學方式來處理，輕鬆的語言不過是為了博君一笑而已。這個問題源自蓋爾（David Gale）和沙普利（Lloyd Shapley）在一九六二年發表的論文〈*College Admission and the Stability of Marriage*〉，也可以說是沙普利獲得二〇一二年諾貝爾經濟學獎的主要內容之一。

有四個男生：趙老大、王小二、張三、李四；有四個女生：貴妃、昭君、西施及貂蟬，我們要把他們匹配成四對佳偶。趙老大的首選是是西施，其次是貂蟬，再其次是貴妃，最後是昭君。

但是王小二最希望能夠配得上貴妃，其次是西施、昭君，

最後是貂蟬。至於張三和李四呢？他們也有他們喜好的排序，同時，四大美人對這四個男生也有她們自己的評價。經過對財富、學歷、人品的評估之後，貴妃把趙老大排在第一，王小二排第二，張三排第三，李四排第四。昭君卻按張三、趙老大、王小二、李四的次序排列她的喜好；同樣，西施和貂蟬也有她們自己的主張。

我們找來一個媒人（match-maker），把他們匹配成四對。大家都知道媒人在婚姻裡扮演了重要的角色，在百老匯音樂劇《屋頂上的小提琴手》就有這麼一首歌：「媒人大人，媒人大人，幫我配一個好伴，找一個知心，擒一個俘虜。」[6]

但最能幹的媒人也不能保證配對的新人會長相廝守、白頭偕老，因此數學家就提出了「穩定的婚姻」這個觀念。在這個例子裡，假如趙老大配昭君、王小二配貴妃，這兩對婚姻會是不穩定的。為什麼？因為，按照趙老大的排名，貴妃是他的第三選擇，而他現在的配對是昭君，是他的第四選擇；同時，按照貴妃的排名，趙老大是她的首選，而現在她的配對是王小二，是她的次選。所以，趙老大和貴妃會同時是麻煩製造者，對現在的配對提出離婚的要求。至於，昭君和王小二呢？按照我前面告訴大家的排序，王小二把他的太太貴妃排第一，昭君排第三，同時昭君把她的先生趙老大排第二，王小二排第三，

因此，他們是不會主動製造麻煩的。但是，趙老大和貴妃就足以讓這兩對婚姻變得不穩定了。

按照數學家的定義，如果一個男生對一個女生的評價比對自己的太太高，而同時這個女生對這個男生的評價比對自己的先生高，這兩對婚姻就陷入不穩定的狀態了。但是，如果一個男生對一個女生的評價雖比對自己的太太高，可是這位女生對自己的先生評估卻比這位男生高時，那麼這個男生也是枉費心思，麻煩不會發生，這兩對婚姻還是穩定的。

不過，在大家憂心忡忡時，讓我趕快告訴大家，數學家已經嚴謹證明了：n 個男生和 n 個女生，不管每個男生對所有女生的排序是如何，每個女生對所有男生的排序是如何，也一定有辦法把他們匹配成對，成為 n 對穩定的婚姻。換句話說，只要有一位好媒人，麻煩就不會發生了。

結婚掛保證？

讓我告訴大家怎麼把 n 個男生和 n 個女生匹配起來。我用前面的例子來說明，首先，前面例子的完整排序如下：

趙老大、王小二、張三和李四對貴妃、昭君、西施、貂蟬的排序是：

趙老大是西施、貂蟬、貴妃、昭君，

王小二是貴妃、西施、昭君、貂蟬，

張三是貴妃、西施、昭君、貂蟬，

李四是貂蟬、昭君、西施、貴妃；

同時，貴妃、昭君、西施和貂蟬對趙老大、王小二、張

三、李四的排序是：

貴妃是趙老大、王小二、張三、李四，

昭君是張三、趙老大、王小二、李四，

西施是張三、趙老大、王小二、李四，

貂蟬是李四、張三、王小二、趙老大。

一開始，四個男生分別向四個女生求婚，當然每個男生都會向自己的首選求婚，趙老大向西施、王小二向貴妃、張三向貴妃、李四向貂蟬求婚。

貴妃同時有二個男生（王小二和張三）向她求婚，她會如何選擇呢？按照她自己的評價，王小二排第二，張三排第三，貴妃就很客氣地對張三說：「您不必浪費時間了，趕快回家吧！」同時對王小二說：「您在這裡等著吧！」換句話說，張三是沒有希望了，王小二呢？不一定，等一下再說。

張三被貴妃拒絕了，傷心之餘，趕快退而求其次，向他的第二人選西施求婚。這樣一來，西施就有二個男生向她求婚了，一個是原來向她求婚的趙老大，一位是現在向她求婚的張

三。按照西施自己的評價，趙老大排第二，張三排第一，於是她就婉拒了趙老大，接受了張三。趙老大當然馬上向他的第二人選貂蟬表示愛慕之意，這麼一來，貂蟬又有二個男生（李四和趙老大）向她求婚，貂蟬還是喜歡原來向她求婚的李四，就把趙老大拒絕了。

這樣一步一步走下去，走到每個女生都只剩一個人向她求婚時，四個男生和四個女生就匹配成對，而且這四對婚姻保證都是穩定的婚姻。

這裡有兩個問題：

第一，為什麼按照這個步驟一步一步走下去，遲早會達到每個女生都只有一個男生向她求婚的情形呢？n 個男生向 n 個女生求婚有很多不同的組合，但這些組合的總數是有限的，這些組合裡有些女生有不只一人向她求婚，也有些女生只有一個男生向她求婚，而依這個步驟一步一步走下去，求婚的組合不會重複，因為曾經被一個女生拒絕的男生，不會回頭再向這個女生求婚，所以一個一個組合走下去，遲早每個女生都只有一個男生向她求婚的組合就會出現了，這就是匹配的結果。

第二，為什麼這 n 對婚姻保證是穩定的呢？原因很明顯，在前面的例子裡，趙老大最終是和貴妃共締良緣，貴妃是趙老大的第三選擇，雖然趙老大的第二選擇是貂蟬，趙老大也曾經

向貂蟬求過婚，但當時貂蟬把他拒絕了，因為貂蟬已經有比趙老大更好的男生李四向她求婚了。同樣趙老大的第一選擇是西施，趙老大也曾經向西施求婚，但西施也已經有比趙老大更好的男生張三向她求婚了。換句話說，按照這個步驟安排出來的婚姻，每位男生都不要有什麼不滿現實的壞主意了，因為在他心目中比他的配偶更優秀的女生都已經名花有主了。說得更清楚些，在這個步驟裡，男生是開高走低，最後和他匹配的女生都是他在穩定的婚姻組合裡所能得到的最佳伴侶。

讓男生向女生求婚，男生都會得到可能的最好結果。那麼讓女生向男生求婚呢？在今天男女平權的社會裡，也可以由女生向男生求婚。也同樣可以一步一步走下去，最後到達一組穩定的婚姻，而這組穩定的婚姻和由男生向女生求婚得到的結果可能是不同的，換句話說，穩定的婚姻可能有多於一組的答案。

注釋

6. Match-maker, Match-maker, make me a match. Find me a find, catch me a catch.

5.7 討價還價的藝術

什麼是拍賣？

在一個分工合作的文明社會裡，買賣是因應物品和勞力的交換而產生的經濟行為。在百貨公司和大賣場裡，賣方先決定了商品的價格，買方就只有買或不買的選擇；房子、汽車和土地的買賣，買賣雙方往往有許多討價還價的空間，有心滿意足的成交，也有不歡而散的局面。而第三種可能，就是我要講的拍賣。

拍賣這種交易行為比較簡單，典型的拍賣是賣主有一件商品出售，但沒有定下出售的價錢，因為他擔心定得太高沒有人買，定得太低又吃虧；同時，有若干個需要或對這個商品感興趣的買主，在賣主沒有訂定價錢的情況之下，他們必須提出他們願意付的價錢，因為商品只有一件，在「價高者得」的原則之下，提出太低的價錢就買不到，提出太高的價錢就等於花了冤枉錢。在買主相互競爭之下，達到有一個買主願意付出、且賣主願意接受的最終也是最高的價格，這就是拍賣此一交易行

為的基本概念。

以下要介紹的是不同的拍賣方式和一些相關的數學觀念，不過，就讓我們先從一些有趣的故事講起，也藉此看看拍賣這個交易行為不同的面向。

首先，交代一個大家都很熟悉的觀念——招標。招標也叫做「反向的拍賣」，例如：有一個買主要買五千臺電腦，有若干個賣主都有五千臺電腦要出售，在「價低者得」的原則之下，賣主怎樣相互競爭，賣得一個雙方都願意接受的價格，這就是招標、競標的基本觀念。很多用在拍賣裡的觀念和規則，都可以反過來做為招標的觀念和規則，底下我就只討論拍賣而不討論招標了。賣主選擇以拍賣的方式出售他的商品有幾個理由：

1. 他的商品很稀有特殊，甚至可能是獨一無二的，因此這個商品沒有一個公認的價格，不如經由拍賣的過程來決定，許多藝術品都屬於這種例子；

2. 對某些買主而言，買到這個商品可能很重要，而對某些買主來說，買到這個商品的重要性相對比較低，這時賣主可以經由拍賣來獲得更好的價錢。例如：在公開市場上購買原油，在某一個時間點，有些國家地區的需要比較迫切，有些國家地區的需要並不那樣迫切，所以賣主

可以經由拍賣的過程，由買主決定他的意願和必須付出的價格；

3. 不同的買主對價格的判定往往有主觀的心理和情緒因素，這些不可理喻、不為外人知的因素是無法猜測的，只有在拍賣的過程中才會呈現出來。

下面讓我為大家講幾個近年來常用的拍賣方式。

公開拍賣

公開的拍賣有兩種進行方式，一個是價格逐漸往上升，我們籠統地稱之為「英國式拍賣」，原因是這是在英國行之多年的拍賣方式；另一個方式是價格逐漸往下降，我們籠統地稱之為「荷蘭式拍賣」，原因是這是在荷蘭花市使用的拍賣方式。

英國式拍賣是從底價開始，由拍賣官一步一步把價格提高，只要有人舉手表示願意付出拍賣官喊出來的價格，拍賣官就會再往上加碼，一直到沒有人願意付出加碼之後的新價格，拍賣就結束了。拍賣官每一次加碼的數字，往往變來變去而不固定，有些英國式拍賣還允許買家叫出他願意付出的加碼數字，有時他往上加碼一大跳，很可能就把很多別的買家嚇退。這其中變數很多，站在理論的觀點來說，這很難做出量化的理論分析。

不過，英國式拍賣有一個比較特殊的模式，每個買家有一個按鈕，拍賣官按照一個固定的加碼數字把價格逐步提升，如果買家把按鈕按住，表示他還在參與競買，如果他把按鈕放開，表示他退出競買，也就不能夠回過頭來重新參與競買；當最後只剩下一個買家把按鈕按住時，拍賣就結束，這個叫做「日本按鈕的英國式拍賣」。

為什麼我要講這一個似乎是過分刻板的「日本按鈕的英國式拍賣」呢？除了這種拍賣方式的確是被某些地方採用之外，還因為在這種拍賣方式裡，站在數學的觀點來看，買家可以有一個最佳策略。這個最佳策略是一個嚴謹的數學觀念，無論別的買家使用什麼策略，我們平均的盈餘也將會是最高。前面講過，買家對一件商品有自己的評估，並決定其價值，最好的策略就是把手指一直按在按鈕上，等到拍賣的價格超過他評估決定的價值時，馬上退出。然而，如果在到達自己評估決定的價值之前便退出，得標的機會將會減少，但每次得標都可能多賺到一點，因為付出的價錢可能遠低於評估時決定的價值，在這裡就不談其數學證明了。

另外一個公開拍賣的方式就是價格逐漸往下降，稱之為「荷蘭式拍賣」。在荷蘭賣花的市場，賣主會設定一個最高價格，從這個價格開始逐步下降，當價格降到某一點，如果有一

個買家大聲喊買，他就可以按照這個價格把花買下來。通常這個價格是一朵花的單價，他會告訴賣方他要買多少朵，剩下來的花又可以再提供出來拍賣。這種方式的好處是拍賣可以很快速進行，因為開始的最高價往往已經是相當接近合理的買價，所以很快就會有買家跳出來喊買。因為植物容易腐爛，果菜花卉市場大多採用荷蘭式拍賣。

暗標拍賣

至於暗標拍賣方式呢？競買的人把他願意付的價錢密封交到賣主手裡，很明顯的，在所有提出的買價裡出價最高的人理所當然會得標。但是，他應該付什麼價錢呢？一種方式是他付自己提出的買價，也就是所有提出的買價中最高的價錢，這種方式叫做「最高價方式」，以直覺來看，這個方式很合理，既然你提出一個買價，就按照這個買價賣給你。例如三個競買價格是一百、一百一十和一百二十，就以一百二十的價錢賣給出價一百二十的買家，這是合理的。

另外一個方式是得標的人只要付次高的價錢，也就是在所有比他低的競買價中最高的價格，這叫「次高價方式」。次高價的方式有道理嗎？有，所有競買的價格代表所有人對一個商品價格的估計，如果三個競買者提出的價格是一千、一百二十

和一百，當然出價一千的人應該得標，但要他付出一百二十頂多再加上一點，也是合理的。次高價的拍賣也叫做「維克里拍賣方式」（Vickrey auction），首先提出這個觀念的人維克里（William Vickrey），因為在這方面的研究工作，於一九九六年獲得諾貝爾經濟學獎。

我們可以看出來，公開的「日本按鈕的英國式拍賣」和暗標的「次高價方式」拍賣十分相像，因為在這兩種方式裡，得標的人付的都是次高的競買價再加一點而已。而且在這兩種方式裡，最佳的策略就是買家按照自己評估決定的商品價值來競買。正如上面所說，日本按鈕的英國式拍賣，買家應該把按鈕按住，一直到拍賣的價格等於自己評估決定的價值才退出；暗標次高價的拍賣方式，競買價就是自己評估決定的價值，兩個不同的方式，拍賣的結果完全一樣。

同樣的，公開的「荷蘭式拍賣」和暗標的「最高價方式」拍賣的結果也一樣，都是由提出最高競買價的人得標，也都付出最高的競買價。但是在心理上，這兩種方式有些不同的地方。公開的「荷蘭式拍賣」有其他的競買者在旁邊虎視眈眈的壓力，說不定他們會在你正準備好高聲喊買的前一刻先行喊買，奪了你的先聲，在這種壓力之下，參加競買的人很容易會出錯；但是，暗標的最高價式拍賣，競買的人可以從容地把價

錢寫下來送到拍賣官的手中，他沒有時間壓力、也無須顧忌別的競買者。

針對暗標拍賣的「次高價方式」，還可以再進一步說明：當賣方有好幾個同樣的商品出售，而每一個買方只想買一個商品時，怎樣透過暗標拍賣的方式來決定誰得標呢？而且得標的價錢又該怎麼決定呢？從一個公平的觀點來說，得標的價錢應該是一致的。有個真實的例子：新加坡政府為了管制汽車的總量，每個月只發出有限數目的新牌照，例如：一千張，想要買一部新汽車的人，必須先經由拍賣買一張新牌照，他們使用暗標的拍賣方式，競買價最高的一千個人就可以買到新的牌照，而且他們同樣付這一千人競買價之中最低的價錢。這也是合理公平的，如果很多人都願意出高價購買汽車牌照，那麼牌照的價錢應該很高；如果只有少數的人願意出高價，多數的人只願意出低價，那麼牌照的價錢自然應該是較低了。

Google 公司的股票上市時，他們也用同樣的觀念設計了一套出售股票的辦法。當一間公司的股票上市時，傳統做法是公司先決定一個上市價格，然後把大部分的股票配給證券商，再由證券商分配給他的客戶。這種做法有兩個缺點：(1) 股票的價格已經預先決定，不能按照市場的需求來調整；(2) 小老百姓往往因為不是證券商的大客戶而分配不到。若是次高價的

競買方式是每一個有意願的買家提出競買價格和要買的股數，例如：公司有一百張股票出售，有人願意用一張五萬元買七十張，五萬元是最高的競買價，他就買到七十張；其次有人願意出一張四萬元買二十張，他也買到了；再其次有人願意出一張三萬元買五十張，因為只剩下十張股票，他只能買到十張，但這三個人都付一張三萬元的價錢。雖然 Google 提出了這個合乎公平原則的方式，不過因為其他種種的考量，沒有實際執行。

網路拍賣

電腦網路的發展帶來了在網路上拍賣的可能，網路上的拍賣方式應該怎樣設計呢？這是一個很有趣的問題。相信大家都聽過全世界規模最大的網路拍賣公司 eBay，它的拍賣方式可以說是目前網路拍賣方式的代表，所以也有人把網路上的拍賣方式叫做「加州式拍賣」（California auction），以有別於英國式和荷蘭式拍賣。

我們想像在網路上進行一場英國式拍賣，所有參與拍賣的買家都得同時坐在電腦前面，在一個固定時段裡一起競標，這樣不但對分布在全世界各地的買家不方便，而且對於不算值錢的廉價商品，許多買家也不願意花那麼多時間守在電腦前面競標。另外一個做法是用傳統的暗標拍賣方式，但這麼做就失去

了利用網路公開競標的功能和刺激,而且也沒有充分利用網路讓賣主和買主互通消息。

eBay 的做法是這樣:

1. 採用次高的競買價再加一點做為得標價格;

2. 競標的買家可以不斷提高競買價格,正如在公開的英國式拍賣一樣;

3. eBay 公布目前所有競買價中的次高價。這一點很有趣,舉例來說:假如 eBay 公布某商品目前所有競買價格中的次高價是一百元,但目前的最高競買價格是不公布的,那麼買家會知道出價在一百元以下是沒有希望的,出價必須在一百元以上,例如:一百二十元,才可能成為最高價,那麼出價者才有機會得標。如此一來,目前的最高價會成為次高價,也就是您要付的價錢。但一百二十元也可能只成為次高價,因為目前的最高價或許比一百二十元還更高。讓我用一個簡單的例子說明在得標價是次高價的原則之下,eBay 是不能夠公布目前最高價的。假如有一個商品,它的合理價格是五十元,這時有一個買家出價一元,有一個買家出價一百元,如果 eBay 公布了最高價是一百元,將沒有人會出低於一百元的價錢,因為不會得標,也沒有人會出高於一百元

的價錢，因為出高於一百元就會得標，但得標價是一百元，遠超過合理價格，所以只能公布次高價。結果是出價一百元的人得標，而他只要付一元。

4. 拍賣有一個明確結束的時間點。這是個合理而必要的手段，但在網路拍賣裡，這更導致了一個重要的競買策略，就是等到拍賣的最後階段才出手競標。這樣做有兩個原因，一是拍賣開始時按兵不動，讓競爭的對手以為沒有別人有意願競標因而鬆懈下來；二是在最後一刻出手競標，讓競爭的對手來不及回應，這就叫做「狙擊」（sniping）。「狙擊」這個策略經過實驗數據的驗證是相當有效的，在網路上狙擊和對抗狙擊，你來我往、分秒必爭，因此有專為狙擊而設計的軟體出售，幫助買家在最後一刻出手，也在最短的時間內回應對手的狙擊。為了應付狙擊的競爭，有些拍賣網站加入臨時延長拍賣時間的條款，就是在狙擊競爭劇烈的情形下，延長拍賣結束的時間點，這一來，許多狙擊都變得徒勞無功了。

我講了幾個有趣的有關拍賣的故事，介紹了最基本的幾個拍賣方式，也提到在理想化、簡單化的情形下競買的最佳策略。但是，在現實的情形下，還有很多因素我們沒有辦法量化的分析討論，例如：對競買者的情緒心理因素的考量，競標成

功和失敗在金錢上、情緒上的衝擊，很難簡單的只用一個經過評估決定的商品價值來衡量，更何況這個價值在競買的過程中也可能波動變化，如何從其他競買者的行為，看透他們的策略和心態，更是不容易的事情。站在賣家的立場來看，也有許多不同的策略，例如：怎樣決定最低的售價；或是把進行中的拍賣取消，等過了一段時間，再重新拍賣。至於如何防止不法和不道德的行為，不管如何規範，總是有漏洞的，最明顯是利用人頭競標哄抬價格；也有人會聯手圍標，先把商品標到手後，再關起門來自己人相互競標。這樣一來，就把賣主應該賺得的利潤轉到自己人的手中了。

LEARN 系列 054

劉炯朗開講：3 分鐘理解自然科學

作　　　者 — 劉炯朗
文字協力 — 張韻詩、高品芳、鄭秀玲
主　　　編 — 邱憶伶
責任編輯 — 陳映儒
行銷企畫 — 林欣梅
封面設計 — 兒日
內頁設計 — 張靜怡

編輯總監 — 蘇清霖
董 事 長 — 趙政岷
出 版 者 — 時報文化出版企業股份有限公司
　　　　　　108019 臺北市和平西路三段 240 號 3 樓
　　　　　　發行專線 — (02) 2306-6842
　　　　　　讀者服務專線 — 0800-231-705・(02) 2304-7103
　　　　　　讀者服務傳真 — (02) 2304-6858
　　　　　　郵撥 — 19344724 時報文化出版公司
　　　　　　信箱 — 10899 臺北華江橋郵局第 99 號信箱
時報悅讀網 — http://www.readingtimes.com.tw
電子郵件信箱 — newstudy@readingtimes.com.tw
時報出版愛讀者粉絲團 — https://www.facebook.com/readingtimes.2
法律顧問 — 理律法律事務所　陳長文律師、李念祖律師
印　　　刷 — 絃億刷有限公司
初版一刷 — 2021 年 4 月 16 日
定　　　價 — 新臺幣 360 元
（缺頁或破損的書，請寄回更換）

時報文化出版公司成立於 1975 年，
1999 年股票上櫃公開發行，2008 年脫離中時集團非屬旺中，
以「尊重智慧與創意的文化事業」為信念。

劉炯朗開講：3 分鐘理解自然科學／劉炯朗著 .
-- 初版 . -- 臺北市：時報文化, 2021.04
256 面；14.8×21 公分 . -- (LEARN；54)
ISBN 978-957-13-8839-7（平裝）

1. 科學　2. 文集

307　　　　　　　　　　　　　　110004468

ISBN 978-957-13-8839-7
Printed in Taiwan